地质遗迹资源调查评价方法与保护

——以济南地区为例

胡兆国　姜晓平　张修龙　王小玉　编著

中国石化出版社
·北京·

图书在版编目（CIP）数据

地质遗迹资源调查评价方法与保护：以济南地区为例/胡兆国等编著.—北京：中国石化出版社，2024.4
ISBN 978-7-5114-7501-5

Ⅰ.①地… Ⅱ.①胡… Ⅲ.①区域地质-资源调查-评价-方法研究-济南②区域地质-资源保护-济南
Ⅳ.①P562.521

中国国家版本馆CIP数据核字（2024）第085295号

中国石化出版社出版发行

地址：北京市东城区安定门外大街58号
邮编：100011 电话：(010) 57512500
发行部电话：(010) 57512575
http://www.sinopec-press.com
E-mail：press@sinopec.com
北京捷迅佳彩印刷有限公司印刷
全国各地新华书店经销
*
710毫米×1000毫米16开本10.25印张162千字
2024年4月第1版 2024年4月第1次印刷
定价：79.00元

编委会

前 言

PREFACE

地质遗迹是指在地球演化的漫长地质历史时期，由于各种内外地质作用形成、发展并遗留下来的珍贵的、不可再生的自然地质现象。自20世纪中叶以来，地质遗迹一直被视为重要的自然资源而进行保护和利用，在生态保护、科学普及与研究和地学旅游等方面发挥了巨大的作用。

济南市地质遗迹资源保存完好，数量多、等级高、密度大、组合较好，各种地质现象类型多样、鲜明生动，与地貌景观和水体景观有机融合。因此其典型性、稀有性、自然性、系统性和完整性、优美性等特征突出，具有极高的科学研究价值和美学观赏价值。

开展济南市地质遗迹资源调查，摸清家底，科学规划，盘活资源，使其得到合理利用和有效保护，对于促进经济、资源、环境的协调发展，确保生态安全，实现可持续发展等，都具有重要意义。

基于以上背景，本书以地质遗迹调查与评价为核心，充分收集利用已有地质遗迹相关成果资料，运用现代地质科学新理论，与全球定位技术及地理信息系统相结合，遵循客观性、继承性、调查与评价相结合的原则，开展全市重要地质遗迹调查；加强新理论、新技术、新方法的有效运用，注重新技术的应用与创新，调查与研究相结合。

研究成果首次基本查明了济南市重要地质遗迹的类型，涵盖三大类、十类、二十亚类；通过地质遗迹鉴评，确定了重要地质遗迹的级别，共确定济南市重要地质遗迹资源72处，其中世界级3处、国家级3处、省级20处、省级以下46处；进行地质遗迹自然区划，划分地质遗迹区2个、地质遗迹分区5个、地质遗迹小区12个；规划建立地质遗迹保护区32处，保护区总面积373.69km^2，其中特级保护区面积3.60km^2、重点保护区面积57.31km^2、一般保护区面积312.78km^2；规划建立地质遗迹保护点26个，均为一般保护点；建立地质遗迹调查成果数据库和图件的空间数据库，编制济南市重要地质遗迹资源分布图、区划图和保护规划建议图；在掌握全市重要地质遗迹类型、数量及分布，掌握其形态、规模、物质组成及组合关系的基础上，分析济南市重要地质遗迹的地质背景、成因及演化，为合理保护与开发利用济南市重要地质遗迹资源提供基础资料和科学依据。

全书共分为7章，第一章介绍了济南市地质遗迹形成的地质背景及研究现状，第二章介绍了地质遗迹调查方法及内容，第三章、第四章分别介绍了济南市地质遗迹的类型、特征以及济南市地质遗迹的形成演化与分布规律，第五章对济南市地质遗迹进行了评价，第六章对济南市地质遗迹提出了保护建议，第七章为结论与建议。

本书的出版得到了有关部门和领导的大力支持，得到了山东老一辈地质工作者的鼓励和指导。山东省自然资源厅、山东省地质科学院、山东省地质调查院等单位在书稿的编写过程中均给予了指导，提出了许多宝贵意见，在此一并表示感谢。

目录

CONTENTS

Chapter 1

第一章

济南市地质遗迹形成的地质背景及研究现状

第一节　自然地理概况

一、济南市交通位置

济南市是山东省的省会城市，为全省政治、经济、文化、科技、教育和金融中心，也是国家批准的副省级城市和沿海开放城市。济南市地处我国东部南北交通要冲，国道、省道纵横交错，是全省的交通中心。铁路、公路纵横交错，交通十分便捷，区内主要有京福、青银、济菏、济青、济馆高速公路，京沪铁路，104、105、220、309国道，103、242、249、316、321、327省道，以及济南市绕城高速、二环路、经十路、旅游路等四通八达的城市道路和乡间公路将各个地质遗迹、乡镇和村庄与主干道相连，交通非常便利。

本次调查范围为济南市8区2县（不含莱芜区），具体为市中区、天桥区、历下区、槐荫区、历城区、长清区、章丘区、济阳区，平阴和商河县（图1–1），地理坐标：东经116°11′15″~117°44′35″，北纬36°01′31″~37°31′51″，总面积7999km^2。

二、地形地貌

济南市地处鲁中低山丘陵与鲁北平原的交接地带，总体地势南高北低，地面标高一般在15~975.80m，最高点为历城区南部的梯子山，地面标高975.80m。区内地貌类型自南向北依次为中低山、丘陵—残丘、山前洪积—冲积平原和黄河冲积平原4种类型（图1–2）。

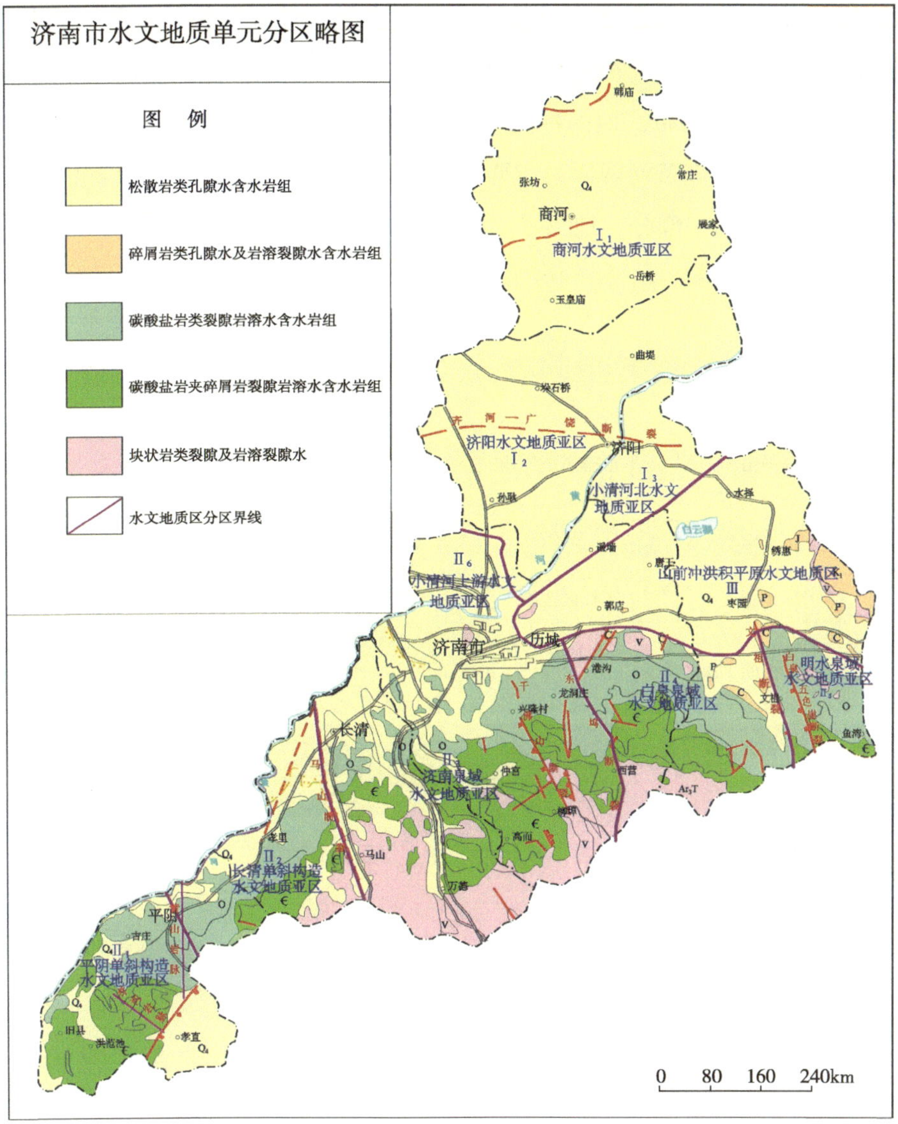

图 1-1　原济南市交通位置图（据《济南市重要地质遗迹调查与评价报告》）

中低山分布于济南市南部，具体包括历城区、章丘区及长清区、平阴县的一部分地区，地面标高500~975.80m，地形起伏大，流水作用强，“V”形沟谷发育，变质岩山区地形坡度一般在20°~25°，古生代寒武—奥陶系分布区地形坡度15°~40°；丘陵—残丘分布于济南市中部，地处低山与山前洪冲积平原的过渡地带，地面标高一般小于300m，“U”形沟谷发育，切割深度50m左右，山体多呈浑圆状，区内石灰岩多形成陡壁，页岩多呈缓坡或阶梯状地形，在构造裂隙发育地段易形成重力堆积地貌；山前洪积—冲积平原，位于济南市中部偏北，围绕山前呈放射状分布，地面标高一般在30~150m，地面坡度5°~10°；黄河冲积平原，分布于北部黄河两岸，主要包括济阳、商河两区县全部及章丘、历城、天桥、长清等区的一部分，地形平坦，地面标高15~30m。

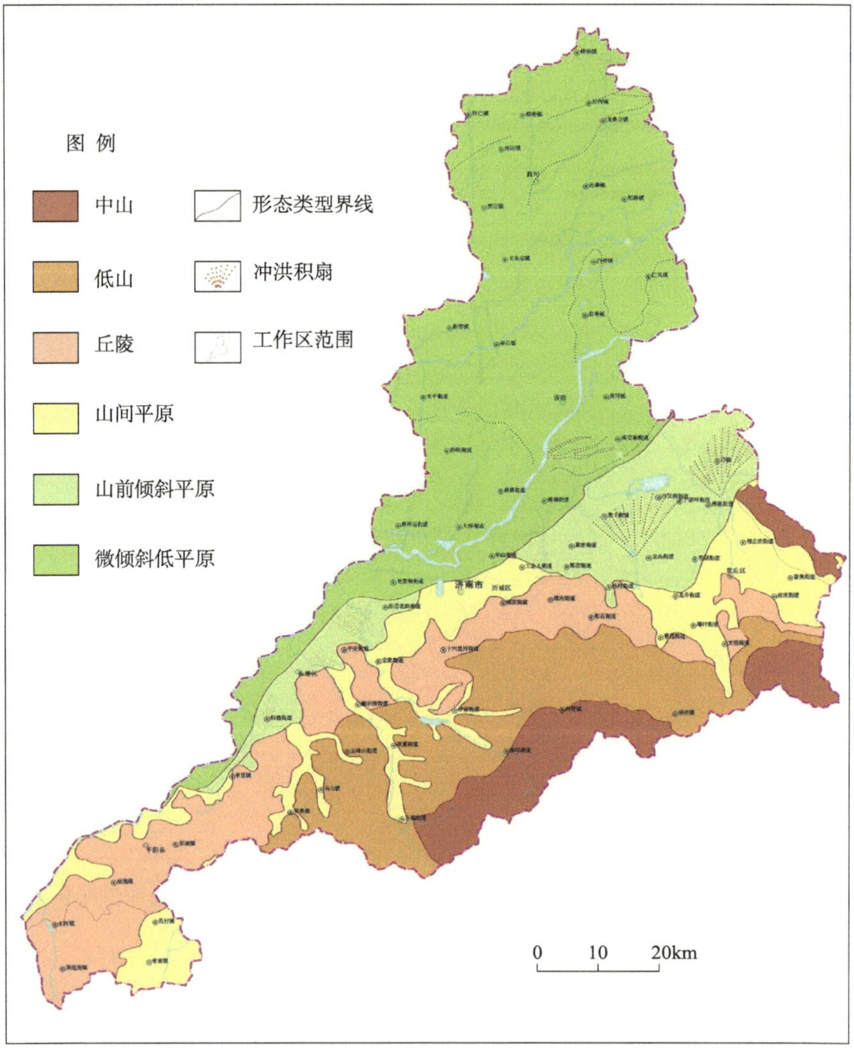

图1-2　原济南市区域地貌略图（据《济南市重要地质遗迹调查与评价报告》）

三、气象

济南市属暖温带大陆性气候，春季干燥少雨，多西南和偏南风。夏季炎热多雨，秋季天高气爽，冬季严寒干燥。由于区内泉池、湖泊和北部的沼泽、洼地分布较多，对调节市区的湿度和温度起到一定作用。济南市多年平均温度为14.3℃，年平均降水量为651.20mm（1951—2017年），70%以上集中在7—9月份，12月至翌年3月较少，日最大降水量为298.4mm（1962年7月13日）（图1-3）。年平均日照时数为2616.8小时。最冷月为1月，月平均气温为-0.4℃，最热月为7月，月平均气温为27.5℃。极端最低气温为-16.7℃（1967年1月15日）；极端最高气温为42.0℃（2002年7月15日）。多年无霜期平均为235天。最大冻土深度为50cm。

济南市多年平均径流量为113.6mm，径流量年际变化幅度大，而且丰枯水期交替出现，全年径流量有75%~85%集中在汛期，其中有55%~65%集中在7—8月份；最大月径流量出现在8月份，最小月径流量一般出现在5月份。

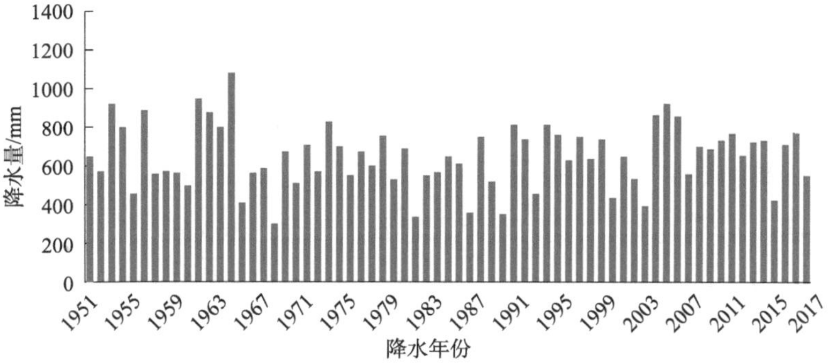

图1-3 济南市1951—2017年降水量图

四、水文

济南市地表水系包括黄河、小清河、海河三大水系。黄河干流及其支流大汶河、海河水系的徒骇河和德惠新河属于过境河流，但境内支流颇多；小清河属本地河流。各主干河流总长度约1048.2km，全市平均河网密度为13.3%。

黄河是中国第二大河流，发源于青海省巴颜喀拉山北麓，向东流经四川、甘肃、宁夏、内蒙古、陕西、山西、河南等省区，在山东省北部入渤海。全长

5464km，流域面积75.24×10^4km^2。由于受地形、地质、气候等条件的影响，河床纵坡上陡下缓，水量变化大，水少沙多，水沙异源等，以致黄河以善淤、善决、善徙著称于世。黄河干流自河南桃花峪以下为黄河下游，流入华北平原的下游河道，水势相对平缓，河道宽浅散乱，泥沙淤积，两岸筑有大堤，成为高出地面的地上河。旧时黄河经常泛滥成灾，历史上较大改道有26次。1855年6月19日，黄河在河南兰阳铜瓦厢决口，改道北流，夺大清河到山东利津注入渤海。

黄河水系在济南境内主要支流有10多条，包括浪溪河、玉带河、清水沟、南大沙河、北大沙河、玉符河等；平阴东南部的汇河以及章丘东南部的茶叶河属大汶河水系，玉符河和大汶河是黄河一级支流。

黄河北徒骇河、德惠新河流域属海河水系。山东海河流域水系的形成与变迁，受黄河决口泛滥的影响极大。从周定王五年（公元前602年）至1938年的2500多年中，黄河26次大改道，其中11次流经该区，先后流经时间长达1700多年。在黄泛冲积满溢下，河道屡出屡淹，滚动串流，互相侵夺，变动频繁。金世宗大定八年（1168年）黄河决口南流。随着黄河南袭，徒骇、马颊水系形成，标志着这一地区脱离黄河流域，成为海河流域的组成部分。

徒骇河起自莘县文明寨村东，流经莘县、南乐（河南省）、阳谷、聊城、茌平、高唐、禹城、齐河、临邑、济阳、商河、惠民、滨州、沾化14县（市），在沾化区西山后北与秦口河汇流后入渤海，全长436km，其中山东省境内长416.5km。总流域面积约13902km^2，其中山东省流域面积13296km^2。徒骇河右侧南岸济阳区汇入的主要支流有六六河、齐济河、牧马河、大寺河、卢兰河等，均南北流向。而左侧北岸商河县汇入的主要支脉有土马河、清水干沟、沙河等，均东流出境，并在下游的惠民交汇后，于滨州入徒骇河。

德惠新河是1968—1970年新辟的一条排涝河道，因其流经德州、惠民两地区而得名。河道起自平原县王凤楼东，经陵城区、临邑、商河、乐陵、庆云、阳信，至无棣县杀头堡东北与马颊河汇流入海。主要支流有引徒总干渠、临商河、前进河、商东河等。全长172.6km，总流域面积3249km^2。

小清河是山东省内一条防洪、除涝、航运、灌溉等综合利用的大型人工河道。北宋熙宁十年（1077年）黄河袭夺大清河东阿至历城间河段，在历城东北脱离济水故道，折向东北流经济阳，至利津入海。为解除大清河北移后济水下游故道年久失修、洪涝灾害频繁和交通不便之患，金朝刘豫时期（1130—1137年），在历城东北华不注山（今华山）阴筑下泺堰，将源于济南诸泉的泺水导入济水故道，名小清河。清光绪三十一年（1905年）于济南西郊睦里庄玉符河东堤建闸，引玉符河水东流入小清河，自此小清河向西延至睦里闸。小清河自西向东流经济南、淄博、滨州、东营、潍坊五地市，于寿光的羊角沟入渤海。全长237km，流域面积10336km^2。

小清河在济南段汇入的主要支流多在南岸，呈单侧羽毛状分布，基本上属雨源型山溪河流，为山洪及泉水排泄河道；北岸支流很少，且较小，均为平原坡水排涝河道。兴济河、韩仓河、巨野河、绣江河、巴漏河、漯河等属小清河水系（图1–4）。

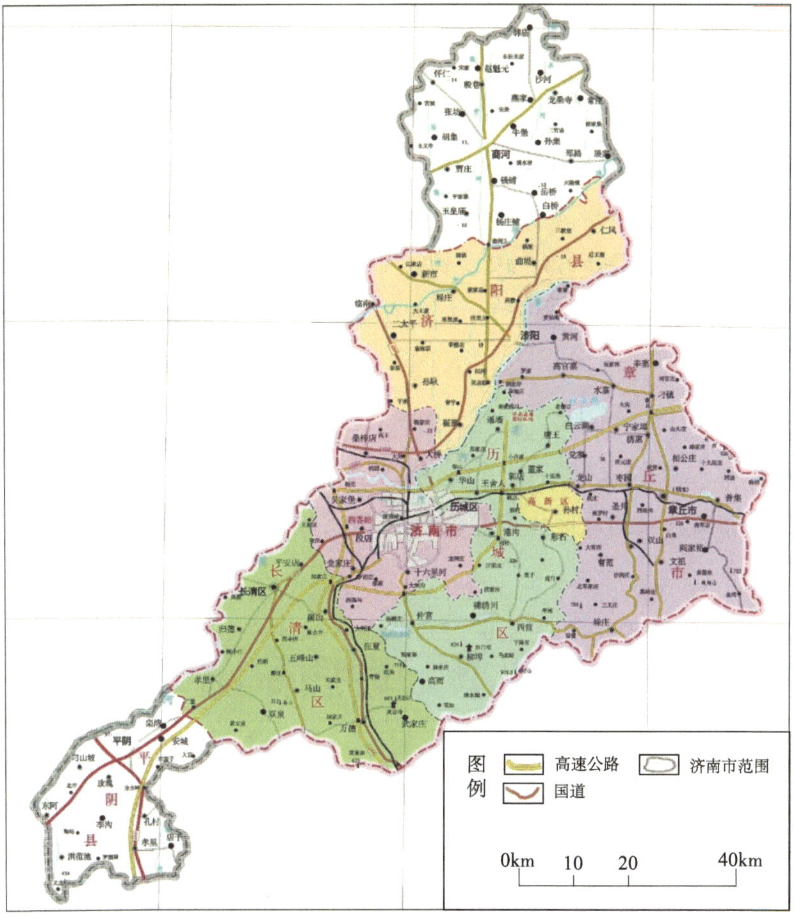

图1–4 原济南市地表水水系图（据《济南市重要地质遗迹调查与评价报告》）

济南市三大水系大小支流共有17条，流域面积8177.48km^2，多年平均径流量78875.02×10^{4}m^3，2015年天然径流量98329.06×10^{4}m^3，径流深度121.5mm。

济南市自然湖泊主要有大明湖、白云湖、明水湖、芽庄湖等。大明湖、白云湖、明水湖主要是由于泉水喷涌汇集洼地形成的；芽庄湖纳章丘漯河之水，遂成湖泊。

拦蓄水库主要有卧虎山水库、锦绣川水库、郎猫山水库、大站水库等。平原水库主要有鹊山龙湖水库、玉清湖水库、东湖水库、澄波湖水库、清源水库等。

五、社会经济概况

济南市2017年年末全市常住人口732.12万人，比上年末增长1.22%。户籍人口643.62万人，增长1.71%。济南市是中国东部散杂居少数民族人口较多的省会城市，有49个民族，人口109299人，占济南市总人口的1.84%。其中回族占少数民族人口的88.79%。年人口增长率4.24‰，全年人口自然增长率3.67‰，人口出生率11.75‰，提高0.75个千分点，人口死亡率8.08‰，提高1.42个千分点，城市化率65.71%，比往年平均值提高0.66个百分点。

2017年全市地区生产总值7201.96亿元，同比增长8.0%。其中，第一产业增加值317.40亿元，增长3.3%；第二产业增加值2569.22亿元，增长8.4%；第三产业增加值4315.34亿元，增长8.2%。三大产业构成为4.4∶35.7∶59.9。规模以上工业主营业务收入6037.5亿元，增长12.4%。全年固定资产投资4363.6亿元，增长13.5%。人均地区生产总值9897元，增长6.6%。

第二节　地质概况

济南地区南依泰山凸起，北临齐河—广饶大断裂，大地构造上处于华北板块的华北坳陷区的济阳坳陷（$Ⅰ_a$）和鲁西隆起区之鲁中隆起（$Ⅱ_a$）的衔接地带。以齐河—广饶大断裂为界，北部属于济阳坳陷，南部属于鲁中隆起。济南市大部分地区属于鲁中隆起，其四级构造单元属于泰山—济南断隆（$Ⅱ_{a1}$）和鲁山—

邹平断隆（Ⅱ$_{a2}$），五级构造单元黄河以北属齐河潜凸起（Ⅱ$_{a1}^{5}$），黄河以南分别属于泰山凸起（Ⅱ$_{a1}^{6}$）和博山凸起（Ⅱ$_{a2}^{2}$），章丘东北部属于邹平—周村凹陷（Ⅱ$_{a2}^{1}$）。齐河—广饶大断裂以北的济阳地区属于济阳坳陷，四级构造单元属于惠民潜断陷（Ⅰ$_{a4}$），五级构造单元分别属于临邑潜凹陷（Ⅰ$_{a4}^{1}$）和惠民潜凹陷（Ⅰ$_{a4}^{2}$）（表1–1）。

表1–1　济南市大地构造单元划分一览表

Ⅰ级	Ⅱ级	Ⅲ级	Ⅳ级	Ⅵ级
华北板块	华北坳陷区Ⅰ	济阳坳陷Ⅰ$_{a}$	惠民潜断陷Ⅰ$_{a4}$	临邑潜凹陷Ⅰ$_{a4}^{1}$、惠民潜凹陷Ⅰ$_{a4}^{2}$
	鲁西隆起区Ⅱ	鲁中隆起Ⅱ$_{a}$	泰山—济南断隆Ⅱ$_{a1}$	齐河潜凸起Ⅱ$_{a1}^{5}$、泰山凸起Ⅱ$_{a1}^{6}$
			鲁山—邹平断隆Ⅱ$_{a2}$	邹平—周村凹陷Ⅱ$_{a2}^{1}$、博山凸起Ⅱ$_{a2}^{2}$

一、地层

济南市地处华北地层区鲁西及华北平原地层分区，济南市区、章丘及长清以北广大地区被新生代地层覆盖，南部基岩出露有新太古代泰山岩群，早古生代长清群、九龙群及马家沟群，晚古生代月门沟群、石盒子群，中生代石千峰群、淄博群、莱阳群及青山群（表1–2）。新太古代地层仅零星分布于历城区与章丘区交界处的南部山区，早古生代碳酸盐岩地层出露于中南部广大山区；晚古生代碎屑岩夹煤系地层主要分布于历城及章丘区中北部、济阳区南部及槐荫区西北部地区，大部分被第四系覆盖，仅章丘的曹范、埠村、普集等地少量出露，是济南市煤矿资源的产出地层和主要产地；中生代碎屑岩及火山凝灰岩地层小范围分布于章丘东部的高官寨、刁镇、绣惠、普集等地，大部分被第四系覆盖，仅绣惠、普集东山上有出露。各时代地层特征分述如下。

（一）新太古界地层

泰山岩群（$Ar_3T.$）呈北北西向带状零星分布于历城区东南部西营镇的枣林、章丘区西南部垛庄镇的团员沟至西麦腰一带。自下而上划分为雁翎关组（Ar_3y）、山草峪组（$Ar_3\hat{s}$），总出露厚度大于4000m。

（二）早古生界寒武—奥陶系地层

早古生界寒武—奥陶系地层分布于济南市中南部广大地区，主要为一套厚度超过1800m的海相碳酸盐岩沉积建造，岩性以灰岩、白云岩为主，次为页岩及少量砂岩，与之有关的金属、非金属矿产丰富。地层内含丰富的三叶虫、头足类、角石类及牙形石化石。牙形石发育在寒武纪中期至奥陶纪，是划分寒武系与奥陶系地层界线的重要依据。

表1–2 济南市地层划分表

年代地质			岩石地层			主要地质遗迹资源
界	系	统	群	组	代号	
新生界	第四系	全新统		黄河组	$\mathrm{Qh}h$	大站组层型剖面；唐王韩家庄黑土湖组剖面；白云湖组层型剖面；平阴土林；济南上升泉泉群；百脉泉泉群；白泉泉群；山东济西湿地；山东黄河玫瑰湖湿地；济南白云湖湿地；澄波湖湿地；鹊山龙湖湿地；绣源河湿地
				白云湖组	$\mathrm{Qh}b$	
				沂河组	$\mathrm{Qh}y$	
				临沂组	$\mathrm{Qh}l$	
				黑土湖组	$\mathrm{Qh}h$	
		更新统		平原组	$\mathrm{Qp}p$	
				大站组	$\mathrm{Qp}d$	
				羊栏河组	$\mathrm{Qp}y$	
	新近系	上新统	黄骅群	明化镇组	N_2m	巴漏河组层型剖面
				巴漏河组	N_2b	
		中新统		馆陶组	N_1g	
	古近系	渐新统	济阳群	东营组	E_3d	
		始新统		沙河街组	$E_{2-3}\hat{s}$	
		古新统		孔店组	$E_{1-2}k$	
中生界	白垩系	下统	青山群	八亩地组	K_1b	孙家沟侏罗纪淄博群三台组—白垩纪莱阳群城山后组剖面；章丘长白山火山地貌
			莱阳群	城山后组	$K_1\hat{c}$	
	侏罗系	上统	淄博群	三台组	J_3K_1s	
		中统		坊子组	J_2f	
	三叠系	下统	石千峰群	刘家沟组	T_1l	于家庄二叠纪石盒子群孝妇河组—三叠纪石千峰群孙家沟组剖面
				孙家沟组	T_1s	
晚古生界	二叠系	乐平统	石盒子群	孝妇河组	P_3x	万山组双壳类及植物化石产地
		阳新统		奎山组	P_2k	
				万山组	P_2w	
				黑山组	P_2h	
		船山统	月门沟群	山西组	$P_{1-2}\hat{s}$	章丘长申地北石炭—二叠纪植物化石产地
	石炭系	上石炭统		太原组	C_2P_1t	
				本溪组	C_2b	

续表

年代地质			岩石地层			主要地质遗迹资源
界	系	统	群	组	代号	
早古生界	奥陶系	上统	马家沟群	八陡组	$O_{2-3}b$	大佛头九龙山群上部—马家沟群下部层型剖面；五阳山组头足类、腹足类化石产地；千佛山碳酸盐岩地貌；蟠龙山碳酸盐岩地貌；佛峪碳酸盐岩地貌；波罗峪碳酸盐岩地貌
		中统		阁庄组	O_2g	
				五阳山组	O_2w	
				土峪组	O_2t	
				北庵庄组	O_2b	
				东黄山组	O_2d	
		下统	九龙山群	三山子组	ϵ_4O_1s	张夏—崮山华北寒武系标准剖面；新甫山序列中粒含黑云片麻状奥长花岗岩与寒武纪地层不整合面；泰山岩群雁翎关组与寒武纪地层不整合面；泰山岩群山草峪组与寒武纪地层不整合面；傲徕山序列中粒二长花岗岩与寒武纪地层不整合面；十八盘—赵家岭馒头组、崮山组三叶虫化石产地；木鱼石矿业遗址；五峰山碳酸盐岩地貌；二郎山岱崮地貌；莲台山溶洞群；马山透明洞；子房洞；空心山洞；洪范池泉群；袈裟泉泉群；涌泉泉群；历城玉河泉泉群；马山滑坡群；明德王墓古滑坡；梨枣峪滑坡；阁老滑坡
	寒武系	芙蓉统		炒米店组	$\epsilon_4O_1\hat{c}$	
				崮山组	$\epsilon_{3-4}g$	
		第三统		张夏组	$\epsilon_3\hat{z}$	
			长清群	馒头组	$\epsilon_{2-3}m$	
		第二统		朱砂洞组	$\epsilon_2\hat{z}$	
新太古界			泰山岩群	山草峪组	$Ar_3\hat{s}$	泰山岩群剖面；花岗岩深熔混合岩化带
				雁翎关组	Ar_3y	

区内寒武—奥陶系岩石地层可划分为长清群、九龙山群和马家沟群三个群，朱砂洞组、馒头组、张夏组、崮山组、炒米店组、三山子组、东黄山组、北庵庄组、土峪组、五阳山组、阁庄组、八陡组12个组。除长清群底部的李官组在济南地区缺失外，寒武—奥陶纪地层在区内出露齐全。

由于沉积环境和地层特征的差异，以怀远间断为界，将其分为上、下两部分，即上部以奥陶系灰岩夹白云岩为主的地层系统，下部以寒武系灰岩、页岩夹砂岩为主的地层系统。

（三）晚古生界石炭—二叠系地层

石炭—二叠系地层主要分布在历城区北部、章丘区中北部、槐荫区西北部、长清区西北部地区，残存在中生界盆地中，主要为一套海陆交互相—陆相沉积建造，地层厚度超过1000m。区内大部隐伏产出，仅东部历城区的孙村镇、章丘区的埠村、文祖、普集等地有少量出露。自上而下划分为月门沟群、石盒子群。月门沟群包括本溪组、太原组和山西组，石盒子群包括黑山组、万山组、奎山组和孝妇河组。其中本溪组和太原组下部为石炭系地层；太原组上部、山西组及石盒子群为二叠系地层。

（四）中生界三叠—白垩系地层

主要分布济南市东部章丘区东部的长白山及跑马岭一带，自下而上划分为三叠系石千峰群、侏罗纪淄博群及白垩系莱阳群、青山群。石千峰群包括孙家沟组和刘家沟组。淄博群包括坊子组和三台组。莱阳群包括水南组、城山后组和马连坡组，济南地区仅零星出露城山后组地层。青山群包括八亩地组、石前庄组和方戈庄组，济南地区仅零星出露八亩地组地层。

（五）古近—新近系地层

古近—新近系地层主要分布于济南市中北部地区，被第四系覆盖，仅章丘区圣井镇东部的西巴漏河两岸，新近系上新世巴漏河组有少量出露。齐河—广饶断裂以北，华北坳陷区自下而上划分为古近系济阳群和新近系黄骅群；齐河—广饶断裂以南缺失古近系，基岩基底之上覆盖新近系黄骅群（据地热钻孔资料），山前河谷地带则为巴漏河组。

（六）第四系地层

济南市第四系广泛分布在山前倾斜平原、黄河冲积平原及小清河、玉符河、南大沙河、北大沙河、锦绣江、巴漏河等河流的河谷地带，山间盆地和山麓斜坡上也有小面积堆积。出露的地层有全新统黄河组、沂河组、白云湖组、临沂组和黑土湖组，更新统大站组。黄河组地层主要分布于小清河以北及黄河沿岸地区，形成黄河冲积平原；沂河组分布于章丘区青扬河河谷地带；白云湖组主要分布于白云湖、大明湖及天桥区大桥镇司家庄一带大寺河低洼河谷地带；临沂组分布于小清河、玉符河、南大沙河、北大沙河河谷地带；黑土湖组分布于绣江河源头的百脉泉湿地及鹊山龙湖水库北的鹊山龙湖湿地；大站组分布于广大山前地带，形成山前倾斜平原。

二、断裂构造

济南地区南依泰山—沂山凸起，北临齐河—广饶大断裂，地质构造总体上是一个以新太古代泰山岩群为基底，以古生代地层为主体的北倾单斜构造。单斜构造单元中发育多组断裂构造，将其分割成相对独立的单斜断块。济南地区地壳在中生代燕山期晚期活动强烈，形成了以NNW为主，以NNE和近EW向为辅的三组断裂，同时大范围的中基性岩浆岩侵入，形成多个杂岩体。新生代喜山运动初期，本区属隆起阶段，造成地层倾斜并缺失古近纪地层。喜山运动后期，本区北部较南部沉降快，因而在各单斜断块北部及南部的低洼处，接受了厚度不等的第四纪沉积。

工作区中南大部分地区位于鲁中隆起区，中生代燕山期强烈活动形成走向NNW、NNE和近EW的三组主要断裂构造（表1–3）。NNW走向的断裂主要有马山断裂、平安店断裂、石马断裂、千佛山断裂、文化桥断裂、东坞断裂、黄旗山断裂、文祖断裂、甘泉断裂等。NNE走向的断裂主要有孝里铺断裂、炒米店断裂、港沟断裂、鸭旺口断裂、明水断裂等。近EW走向的断裂主要为齐河—广饶大断裂，是济阳坳陷区与鲁中隆起区的分界断裂。

表1–3 济南市主要断裂构造一览表

序号	构造名称	产状	主要特征
1	陵城区—老黄河口断裂	总体走向为NEE69°，局部地段倾向NNE3°~24°或SEE103°~120°，倾向SE，南东盘下降，北东盘上升，倾角约70°	又称“陵城区—渤海农场断裂”，为张性断裂，是惠民潜陷与埕宁潜隆的分界断裂，该断裂形成于燕山期，至新近纪以来，活动明显，是一条第四纪仍在活动的断裂，其断距大于4000m
2	临邑—惠民断裂	该断裂总体走向NEE80°，倾向SSE，倾角75°左右，古近系断距800m，新近系150~300m	是惠民潜凹与临邑潜凹的分界断裂，南盘下降，北盘上升，为张扭性断裂，古新世活动强烈
3	夏口断裂	该断裂总体走向NEE70°，倾向SSE，倾角70°左右	南东盘上升，北西盘下降，在孔店组断距1600~2400m，沙河街组断距大于700m，至东营组断距在100m左右
4	郑家寨—洋湖断裂	该断裂总体走向NEE60°，局部地段呈近EW，倾向SSE	断裂北西盘上升，南东盘下降。在孔店组断距1000~1700m，沙河街组100~400m，至东营组断距仅22m左右

续表

序号	构造名称	产状	主要特征
5	商河断裂	总体走向NE40°，倾向SE，倾角约70°	临邑—惠民断裂的分支断裂，该断裂在孔店组断距700m左右，在沙河街组、东营组断距变小，约100m
6	齐河—广饶断裂	断裂带总体走向方位80°左右，N倾，倾角60°~80°	由近EW走向约呈平行的两条断裂组成，宽5~10km，南者为主断裂。断裂带两侧新生代地层发育和厚度差异较大，断距达1200~2200m。区域上该断裂是鲁西隆起与济阳坳陷的分界线，控制了济南地区的构造格局，是鲁北古近系沉积南界
7	庙廊—焦斌断裂	走向NE，倾向NW，断距200~1000m	为张性正断层，北与齐河—广饶断裂相交
8	卧牛山断裂	走向NNE，倾向SSE	为隐伏断裂，沿现代黄河发育
9	孝里铺断裂	断层面西倾，倾角60°~70°	西盘地层较新，断距80~300m
10	马山断裂	总体走向NW10°~15°，倾向SWW	东盘地层向北推移，西盘地层向南推移，断距250~350m
11	炒米店断裂	在隐伏区推测总体走向近SN	为一组NNE向展布的断层并构成地堑，故又称其为炒米店地堑。该地堑南部收敛变窄，宽约250m，北部较开阔，宽约2.5km
12	千佛山断裂	总体走向NNW，倾向SW，倾角60°~80°	断裂南起变质岩区的金牛山，经天井峪，丁字寨穿越千佛山，经南郊宾馆东北角进入济南市区被第四系覆盖
13	文化桥断裂	走向NNW，倾向SW，倾角大于60°	文化桥断裂为透水断裂
14	东坞断裂	总体走向NNW，倾向SW	该断裂大部分地段阻水，局部为弱透水
15	港沟断裂	两支断裂走向25°~35°，东侧断裂倾向NWW，西侧断裂倾向SEE，倾角近直立，断距大于400m	由数条不同规模的近SN向的断裂和NNE向的断裂所组成。主干断裂在莲华山以南大部出露地表，以北分两支呈喇叭状隐伏于第四系之下。两支断裂相距500~2000m，构成港沟地堑
16	文祖断裂	断裂总体走向NNW，断面总体西倾，倾角20°~80°	西盘地层时代较新，东盘地层时代较老，断距中间大，超过750m，两端减小为70~80m。为早期东西体系的张性断裂
17	禹王山断裂	总体走向近SN，倾向东，倾角60°~80°	为多条断层组成的断裂带，是一条具有多期活动的区域性断裂

济南市基岩地层多形成单斜断块，断裂较发育，褶皱不发育，且多与断裂构造有关，系断裂活动形成的牵引褶皱或派生构造，均为纵弯褶皱。

三、岩浆岩

济南地区岩浆岩不仅岩石类型复杂，而且演化历史漫长。岩石类型有超基性岩、基性岩、中性岩、酸性岩，以中酸性岩为主，形成时代主要为新太古代和中生代。新太古代侵入岩主要出露于济南市南部山区，中生代侵入岩主要分布于济南市区及周边地带。

在以往的区调中对侵入岩进行了岩石谱系单位划分。本次按照山东省国土资源厅下达的鲁国土资字〔2014〕185号文关于印发《山东省地层侵入岩构造单元划分方案》的通知，采用时代+岩性+序列（超单元）+单元的方法表示，如$K_1\nu Jy$为早白垩世济南序列燕翅山单元的细粒辉长岩，$Ar_3\delta Hp$为新太古代晚期红门序列普照寺单元的细粒含角闪黑云闪长岩。

（一）早前寒武纪侵入岩

济南地区早前寒武纪侵入岩广泛分布于南部山区。新太古代早期岩浆活动形成于2.7Ga的中基性侵入岩；新太古代中期岩浆活动形成于2.6Ga的中酸性侵入岩；新太古代晚期岩浆活动形成于2.55~2.5Ga的中基性—中酸性侵入岩，导致大规模的陆壳形成，是济南地区沉积基底。中元古代早期，有基性岩浆岩裂隙侵入，形成基性岩墙（表1–4）。

新太古代早期侵入岩广泛分布于章丘西部至历城东部一带南部山区，岩性复杂。第二阶段泰山序列以条带状细粒含黑云英云闪长质片麻岩为主，其次为条带状中粒含黑云英云闪长质片麻岩。第一阶段万山庄序列零星分布于东南部山区，岩性为中细粒变辉长岩、斑状细粒变角闪辉长岩、变辉石橄榄岩。

新太古代中期侵入岩广泛分布于章丘西部至历城东部一带南部山区，岩性较复杂。第一阶段黄前序列主要为粗粒变角闪石岩，零星分布于南部边界地带。第二阶段新甫山序列主要为中粒含黑云片麻状奥长花岗岩，大面积分布。

新太古代晚期侵入岩广泛分布于长清至历城西部一带南部山区，岩性复杂。第五阶段红门序列以中粒含黑云花岗闪长岩为主，其他岩性还有细粒花岗闪长岩、中粒含角闪黑云石英闪长岩、细粒含角闪黑云闪长岩。第三阶段傲徕山序列以中粒二长花岗岩为主，其他岩性还有细粒二长花岗岩、中细粒二长花岗岩、斑状中粗粒二长花岗岩和巨斑状细粒含黑云二长花岗岩。第二阶段峄山序列以中粒黑云英云闪长岩为主，其他岩性还有片麻状中细粒含黑云花岗闪长岩、中粒黑云石英闪长岩、斑状细粒含黑云角闪闪长岩。

表1-4 济南地区早前寒武纪侵入岩划分表

地质年代			岩石单位					代号
代	期	阶段	原划方案	规划方案	典型产地	岩性	同位素年龄/Ma	
中元古代					牛岚	辉绿岩脉	1621	$Ch\beta\mu n$
新太古代	晚期	第五阶段	红门	红门	西房庄	中粒含黑云花岗闪长岩		$Ar_3\gamma\delta Hx$
					中天门	中粒含角闪黑云石英闪长岩	2502	$Ar_3\delta oHz$
					普照寺	细粒含角闪黑云闪长岩	2481	$Ar_3\delta Hp$
		第三阶段	傲徕山	傲徕山	调军顶	细粒二长花岗岩	2504	$Ar_3\eta\gamma Adj$
					孙家峪	中细粒二长花岗岩	2530	$Ar_3\eta\gamma Asj$
					松山	中粒二长花岗岩	2516	$Ar_3\eta\gamma As$
					虎山	斑状中粗粒二长花岗岩	2508	$Ar_3\eta\gamma Ah$
					邱子峪	巨斑状细粒含黑云二长花岗岩		$Ar_3\eta\gamma Aq$
		第二阶段	峄山	峄山	太平顶	片麻状中细粒含黑云花岗闪长岩		$Ar_3\gamma\delta Yt$
					窝铺	中粒黑云英云闪长岩	2557	$Ar_3\gamma\delta oYt$
					大众桥	中粒黑云石英闪长岩	2530	$Ar_3\delta oYd$
					桃科	斑状细粒含黑云角闪闪长岩		$Ar_3\delta Yt$
	中期	第二阶段	蒙山	新甫山	上港	中粒含黑云片麻状奥长花岗岩	2623	$Ar_3\gamma oXs$
		第一阶段	南涝坡	黄前	麻塔	粗粒变角闪石岩		$Ar_3\psi oHm$
	早期	第二阶段	蒙山	泰山	望府山	条带状细粒含黑云英云闪长质片麻岩	2711	$Ar_3\gamma\delta oTw$
		第一阶段	万山庄	万山庄	南官庄	中细粒变辉长岩（斜长角闪岩）		$Ar_3\nu Wn$
					赵家庄	斑状细粒变角闪辉长岩		$Ar_3\nu Wzj$
					前麻峪	变辉石橄榄岩（蛇纹石岩、透闪石阳起片岩）		$Ar_3\nu Wz$

（二）中生代侵入岩

济南地区中生代岩浆活动主要为燕山晚期（白垩纪早期）中基性岩体侵入，形成济南、沂南等侵入岩体序列。济南序列（K_1J）大面积分布于济南市区及外围的地区，侵入奥陶系灰岩。岩体大部分被第四纪覆盖，在市区仅燕翅山、华山、药山、匡山、鹊山、卧牛山、金牛山、无影山、马鞍山等孤山露出地表，章丘的茶叶山、萌山等岩体，也归入济南序列。

济南东郊的顿丘、鸡山、闫家峪等小岩体，以及济南历城区与长清区交界处的邱家庄—核桃园一带出露的斑状细粒角闪闪长岩及石英闪长玢岩属于沂南序列（K_1Y）岩体（表1-5）。

表1-5 济南地区中生代侵入岩划分表

地质年代			岩石单位					代号
代	纪	世（期）	阶段	序列	典型产地	岩性	同位素年龄/Ma	
中生代	白垩纪	早白垩世（燕山晚期）	第二阶段	沂南 K_1Y	核桃园	石细粒角闪石英闪长岩		$K_1\delta oYh$
					邱家庄	斑状细粒角闪闪长岩		$K_1\delta Yq$
					大有	中细粒含黑云角闪闪长岩		$K_1\delta Ydy$
					西杜	中粒含黑云辉石角闪闪长岩	129	$K_1\delta Yx$
			第一阶段	济南 K_1J	马鞍山	中立辉长二长岩		$K_1\eta Jm$
					燕翅山	细粒辉长岩		$K_1\nu Jy$
					金牛山	中细粒辉长岩		$K_1\nu Jj$
					药山	中粒苏长辉长岩	130	$K_1\nu Jm$
					茶叶山	中细粒苏长辉长岩	131	$K_1\nu Jc$
					无影山	中粒含苏橄榄辉长岩		$K_1\sigma\nu Jw$
					萌山	细粒橄榄辉长岩		$K_1\sigma\nu Jm$

济南岩体大面积分布于济南市及北部，西到韩家道口、棉花张、位里庄一带，东到王舍人庄、大小坡、北滩头、傅家庄一带，北部过黄河，在桑梓店、大桥镇一带，南部接触带西起担山屯，经大杨庄、西红庙、袁柳庄、省体育中心、跳伞塔、体工大队、燕子山北麓，到宿家张马一线，四周均与奥陶系灰岩接触。东西长30km，南北宽15.5km，分布面积300km^2。

四、区域水文地质条件

（一）水文地质分区及特征

济南市地处泰山背斜北翼及黄河冲积平原。根据地形地貌、地层岩性、地质构造等，将本市划分为三个水文地质区，水文地质分区如图1-5所示。

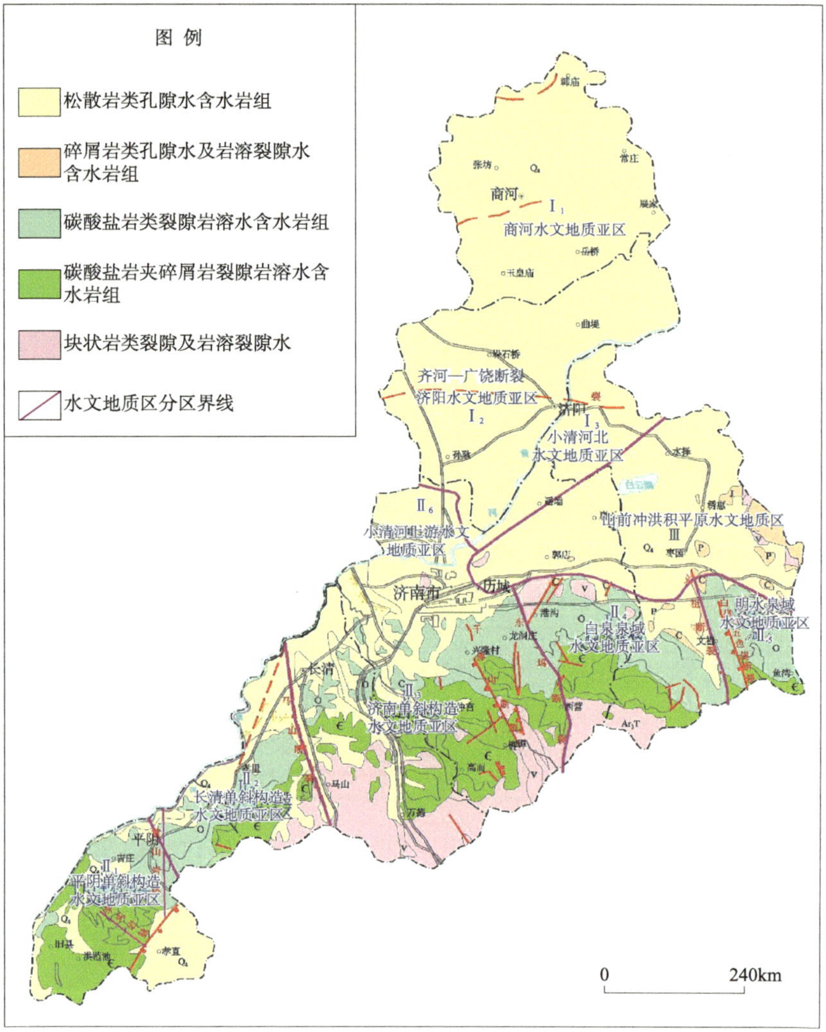

图1-5　济南市水文地质单元分区略图

1. 黄河冲积平原孔隙水水文地质区（Ⅰ）

主要分布于济南市所辖的黄河以北之济阳、商河县及小清河北的部分沿黄地带，由河流冲洪积物构成，以赋存松散岩类孔隙水为主。含水砂层具多层结构，单层厚度小，岩性多为粉砂、粉细砂，含水颗粒细，含水透水性差，单井出水量一般小于200m^3/d。

2. 泰山背斜北翼岩溶水水文地质区（Ⅱ）

主要指平阴—长清—济南—明水以南的单斜构造带。区内广布寒武、奥陶纪石灰岩，岩层向北倾斜，地势南高北低，灰岩中裂隙岩溶发育，赋存丰富的裂隙岩溶水，为岩溶水的补给、径流区。南部边缘区出露变质岩，是本区地下水、地表水分水岭。依据地下水分水岭及地质构造的隔水性，将该区划分为相对独立的六个水文地质亚区，具体划分见表1–6。

表1–6　济南市水文地质分区表

区	亚区	代号
黄河冲积平原孔隙水水文地质区Ⅰ	商河水文地质亚区	$Ⅰ_1$
	济阳水文地质亚区	$Ⅰ_2$
	小清河北水文地质亚区	$Ⅰ_3$
泰山背斜北翼岩溶水水文地质区Ⅱ	平阴单斜构造（洪范池泉域）水文地质亚区	$Ⅱ_1$
	长清单斜构造（长孝泉域）水文地质亚区	$Ⅱ_2$
	济南单斜构造（济南泉域）水文地质亚区	$Ⅱ_3$
	郭店单斜构造（白泉泉域）水文地质亚区	$Ⅱ_4$
	明水单斜构造（明水泉域）水文地质亚区	$Ⅱ_5$
	小清河上游水文地质亚区	$Ⅱ_6$
山前冲洪积平原孔隙水水文地质区Ⅲ	山前冲洪积平原水文地质区	Ⅲ

3. 山前冲洪积平原孔隙水水文地质区（Ⅲ）

主要指济南—明水以北的山前平原区。该区范围南至第四系下伏的碳酸盐岩类200m隐伏界线或石炭—二叠纪地层出露边界，北至小清河，东至行政区界，西至济南岩体隐伏的王舍人镇。区内广布第四系松散堆积层，东部出露侏罗、白垩纪地层，地下水含水岩组主要为第四系松散岩类孔隙水含水岩组，特别是山前冲洪积扇地带，砂层较厚，含丰富的孔隙水，水量大，水质好，是工农业及生活用水的主要水源。

（二）地下水类型及含水岩组概况

根据含水岩层的性质以及地下水在含水岩层中储存运动的特点，将济南地区地下水分为几种不同的含水岩组及地下水类型，即松散岩类孔隙水含水岩组、碳酸盐岩类裂隙岩溶水含水岩组、碎屑岩夹碳酸盐岩类岩溶裂隙含水岩组和块状岩类裂隙及岩溶裂隙水含水岩组。

1. 松散岩类孔隙水含水岩组

该含水岩组主要分布于黄河以北平原及平阴、长清、济南、明水的山前平原区、山间河谷地带，尤以玉符河、北沙河之冲洪积扇含水砂砾层孔隙水最丰富，呈潜水或微承压水形式赋存，其单井出水量一般为1000~2000m^3/d，河流沿岸地区与下伏岩溶水水力联系密切，单井出水量可大于2000m^3/d。山前水位埋深一般在10~30m，远离山前的平原区水位埋深3~8m，玉符河下游水位埋深则小于1m。

沿黄地带及黄河以北的冲积平原区，含水砂层为多层结构，单层厚度较小，岩性为粉砂、粉细砂，因含水层颗粒细，含水层透水性差，单井出水量一般小于200m^3/d。

2. 碳酸盐岩类裂隙岩溶水含水岩组

碳酸盐岩类裂隙岩溶水是济南市分布广泛、水量大、水质好的主要工农业供水及生活水源。含水岩层由寒武系、奥陶系石灰岩组成。寒武系上统凤山组至奥陶系中下统厚层石灰岩含水层厚度大、质地纯，其主要岩性为灰岩、白云质灰岩、泥灰岩、豹皮灰岩、鲕状灰岩等，灰岩岩溶、裂隙发育且彼此连通，导水性强，有利于地下水的补给、径流和富集，但受分布位置及构造、地形、埋藏条件的影响，其富水性悬殊。

在低山丘陵区，因灰岩直接裸露地表，岩溶发育有利于大气降水的渗漏补给、径流、富集，地下水交替强烈，为岩溶地下水的补给、径流区。水位埋深一般为50~100m，甚至大于100m，单井出水量一般小于100m^3/d。地形、构造、岩性等条件有利时，单井出水量可达500m^3/d，水位年变幅20~50m。

在济南单斜构造的前缘及山前倾斜平原地区，石灰岩多被第四系所覆盖，是岩溶水的排泄区、富集带。钻探资料显示，西部和市区隐伏灰岩多为奥陶系下统和寒武系上统。东郊地区隐伏灰岩多为奥陶系，这些石灰岩岩溶发育，含水丰富，地下水具有承压性质，水位埋藏浅，有的形成自流水。单井出水量1000~5000m^3/d，局部地区大于$1.0 \times 10^4 m^3$/d。济南城市供水水源井群多分布在该地区。

在明水单斜断块，该层水主要分布于中、下奥陶系石灰岩地区，其裸露石灰岩面积较大，埋藏型面积约为30km²。出露于明水城以南补给区和明水附近排泄区，向北隐伏于石炭系地层之下。其富水性在空间展布上有一定差异，岩溶发育常常处于强透水的灰岩与弱透水的泥灰岩交接部位。含水层的富水性由补给区向排泄区逐渐增大。按单井出水量，富水性大致分为五级：单井出水量大于5000m³/d，分布于明水城周围，大部分为隐伏含水层；单井出水量1000~5000m³/d，主要分布于双山、南涧西以北，呈东西带状展布；单井出水量500~1000m³/d，主要分布在白泉以东及山前一带；单井出水量100~500m³/d，分布于甘泉、闫家峪及东部丘陵地段；单井出水量小于100m³/d，主要分布于中部低山区。

3. 碎屑岩夹碳酸盐岩类岩溶裂隙含水岩组

碎屑岩夹碳酸盐岩类岩溶裂隙含水岩组由寒武系下统及上统灰岩组成。灰岩厚度薄，岩溶不发育，富水性差，单井出水量一般小于100 m³/d。在构造、地形适宜的地段，单井出水量可达100~500 m³/d。该含水层分布的地势一般较高，且有页岩隔水，相互无水力联系，因此地下水无统一的界面。在沟谷切割或构造的控制下，往往出现阶梯水位。地下水流向受地层倾向及坡度控制。地下水位埋深变化一般5~10m，局部由于构造影响而自流。

4. 块状岩类裂隙及岩溶裂隙水含水岩组

块状岩类裂隙及岩溶裂隙水含水岩组主要分布于南部山区地表分水岭地带的古老变质岩系及火成岩裸露区，含水岩层为花岗片麻岩、辉长岩、闪长岩。其风化裂隙发育，厚度一般在地表以下10~15m，含水不丰富，单井出水量较小，一般小于100m³/d。

（三）地下水的补给、径流、排泄条件

济南地区地下水的运动，受地形、地貌、地质构造等因素的制约，大气降水是济南市地下水主要补给源，其次为黄河侧渗补给。人工开采、泉流蒸发及向下游径流排泄为其主要排泄方式。现按照黄河冲积平原孔隙水水文地质区（Ⅰ）、济南单斜构造岩溶水为主水文地质亚区（$Ⅱ_3$）及山前冲洪积平原孔隙水水文地质区（Ⅲ），分述济南地区地下水的补给、径流、排泄条件。

1. 黄河冲积平原孔隙水水文地质区（Ⅰ）

该区赋存第四系松散岩类孔隙水，其主要补给来源为大气降水渗入补给及黄河等地表水侧渗补给，引黄河水等地表水灌溉回渗也是其主要补给源之一。区内地下水运动方向主要为由西南向东北径流，水力坡度较小，径流十分缓慢，只有沿黄一带产生与黄河近垂直的较强径流。地下水以潜水蒸发及工农业开采为主要排泄途径，因此，垂直交替运动是区内地下水进行补给、排泄的主要形式。

2. 济南单斜构造岩溶水为主水文地质亚区（$Ⅱ_3$）

1）补给条件

济南岩溶地下水的补给来源主要为大气降水渗入补给，在南部广大变质岩分布区，大气降水补给裂隙水而其又经过排泄径流转而补给灰岩分布区的地下岩溶水；其次为地表的渗漏补给，在玉符河、北沙河的上游地区，当河水流经石灰岩岩溶地区时存在明显的下渗补给现象；最后则为第四系孔隙水的下渗补给，在玉符河、北沙河的中上游河床中，第四系含水砂层直接覆盖于石灰岩之上，第四系孔隙水下渗补给岩溶水。

2）径流条件

本区岩溶水的运动方向，与地形、地层倾向大体一致，基本为由南向北运动，当地下水径流到北部山前遇到隐伏的火成岩岩体或相对阻水的石炭、二叠系地层时，地下水因受阻而在此富集，并产生一定的压力水头，致使水位上升而溢出地表形成泉水，如市区四大泉群等，更甚者由于钻孔的揭露而形成自流。

3）排泄条件

济南市岩溶水的排泄方式主要有人工开采、泉流、潜流、表流排泄。

3. 山前冲洪积平原孔隙水水文地质区（Ⅲ）

大气降水是该区地下水的主要补给源，其次为农田灌溉回渗补给、山区地下水侧向径流补给及冲洪积扇首部河流渗漏补给。该区地下水主要富集于山前冲洪积扇内，冲洪积扇的前缘粗颗粒逐渐减少相对阻水，有利于地下水的储存，一般冲洪积扇的首部和中部是地下水最富集的部位。

该区地下水径流方向为由南向北，在冲洪积扇首部，山区地下水沿地形坡度向下游径流；进入冲洪积扇后方向有所改变，沿扇轴散开；继而向平原区径流，进入平原区，沿地形坡度向北偏东方向径流，最后流出本区。

该区地下水排泄方式主要有人工开采、蒸发和向下游径流排泄等。

第三节　济南地区地质遗迹研究现状

济南市地质遗迹调查研究工作起步较早，1903年美国学者维里士和布莱克韦尔德来馒头山考察研究，并命名了馒头页岩、张夏石灰岩、崮山页岩、炒米店石灰岩和济南石灰岩，是近代地质工作中涉及地质遗迹方面最早的描述。自2003年山东省地质科学实验研究院提交了《济南市长清区张夏—崮山华北寒武系标准剖面省级地质遗迹保护研究报告》以来，对标准剖面重新进行了详细研究，在原有生物地层研究的基础上，进一步提高了剖面多重地层划分的研究程度，确认了剖面的起始点、剖面位置，并竖立了标志碑；通过地质填图和剖面研究，掌握了区内古生物化石富集层位、化石类型及分布特征，发现了新的具有特殊意义的地质遗迹景观点，找到了寒武系底界露头最佳、最清晰的典型不整合观察点，进一步丰富了自然保护区的地质遗迹内容；对地质遗迹自然保护区实施了初步可行的保护措施。随着地质遗迹保护区、地质公园和地质地貌景观保护区的建立，针对性的地质遗迹调查与研究工作逐步展开。目前全市已完成地质遗迹调查及地质公园相关项目内容如表1–7所示。

表1–7　济南市地质遗迹调查及地质公园建设项目一览表

序号	项目名称	完成单位（作者）	完成时间
1	济南市长清区张夏—崮山华北寒武系标准剖面省级地质遗迹保护研究报告	山东省地质科学实验研究院	2003年
2	山东省济南市长清区张夏—崮山地质公园综合考察报告	山东省地质科学实验研究院	2003年
3	山东省张夏—崮山地区中国寒武系标准剖面地质遗迹保护研究报告	山东省地质科学实验研究院	2006年
4	山东省济南市长清区馒头山地质遗迹调查与保护研究报告	山东省地质科学实验研究院	2006年
5	山东省济南市华山省级地质公园综合考察报告	山东省地质环境监测总站	2007年
6	济南水帘峡省级地质公园综合考察报告	山东省地质科学实验研究院	2009年

续表

序号	项目名称	完成单位（作者）	完成时间
7	章丘百脉泉省级地质公园综合考察报告	山东省地矿工程集团有限公司	2011年
8	济南蟠龙山省级地质公园规划	济南市历城区人民政府	2012年
9	济南泉水省级地质公园综合考察报告	山东省地质环境监测总站	2013年
10	济南城市地质调查报告	山东省地质调查院	2013年
11	济南市古生物化石调查评价与区划报告	中化地质矿山总局山东地质勘查院	2014年
12	山东典型地质遗迹	李洪奎、陈国栋、王海芹等	2015年
13	山东地质公园	山东省国土资源厅	2016年
14	山东省旅游地质资源遥感调查与评价（滨州、东营、聊城、德州、济南、泰安、菏泽、济宁）报告	山东省遥感技术应用中心	2016年
15	山东省重要地质遗迹综合调查报告	山东省地质环境监测总站	2017年
16	华北地区重要地质遗迹调查（山东）成果报告	山东省地质环境监测总站	2018年

2006年山东省地质科学实验研究院提交了《山东省张夏—崮山地区中国寒武系标准剖面地质遗迹保护研究报告》，查清了区内地质遗迹资源的分布状况，特别是对区内的主要地质遗迹、地质旅游景观点等的类型、特征、分布进行了细致的调查。首次在华北寒武系标准剖面采集了牙形石，并获得了理想的分析鉴定成果。建立了上寒武统6个牙形石化石带，首次获得了与华南寒武系生物的对比资料，填补了华北寒武系标准剖面牙形石生物地层空白，特别是用国内外标准的“*Cordylodus lindstromi*”牙形石首先准确地确定了标准剖面奥陶系的底界点位，将该界线由以往的三山子组底界下移了9.05m，置于炒米店组内部。首次在华北寒武系标准剖面进行了碳氧同位素地层学研究，填补了国内华北寒武系同位素地层学研究的空白。本项目建立的华北寒武系两条碳氧同位素地层剖面，其结果显示，不但区内对比性好，与华南地区及国外哈萨克斯坦、澳大利亚、美国也有很好的对比性。总之，从化学地层和牙形石生物地层两个方面，为华北寒武系标准剖面与全球芙蓉统界线层型剖面对比架起了桥梁，提供了重要佐证。

2006年山东省地质科学实验研究院提交了《山东省济南市长清区馒头山地质遗迹调查与保护研究报告》，通过1∶10000专项地质调查，掌握了保护区地质情况，查清了区内地层单元及其分布；查清了区内地质遗迹资源的分布状况，查清了莲台山景区内溶洞群的分布层位、规模及其在空间的展布情况；对馒头山剖面进行了1∶500地质实测，对剖面上的古生物化石的类型、古生物化石组合特征、赋存层位、富集程度进行了研究，并且对重要的古生物化石进行了采集、鉴定；对新发现的重要地质遗迹现象进行了清理，在重要的化石产地埋设了标志碑（牌），对被毁坏的界线碑（牌）进行了修复，对馒头山剖面标志碑进行了维修；另外对馒头山周围的界桩进行了适当加密，为科学考察、科研、旅游观光提供了便利；建立了该区地质遗迹保护信息管理数据库，加强了对地质遗迹保护的动态管理。

2013年12月山东省地质调查院提交了《济南城市地质调查报告》，将济南地区地质遗迹根据其形成条件及自然属性分为标准地质剖面、典型地质与地貌景观两大类。

2014年中化地质矿山总局山东地质勘查院提交了《济南市古生物化石调查评价与区划报告》，在野外调查和系统研究的基础上，通过本次工作，大致查明了济南市古生物化石资源的分布、化石类型、富集情况、级别、保护价值、化石产地的保护现状等，并对其进行了归纳总结；大致查明了济南市古生物化石产地22处，其中省级3处，县（市）级4处，一般化石保护产地15处，明确了古生物化石分布范围，采集了能充分反映古生物化石赋存、破坏及保护等情况的照片。

2015年12月李洪奎、陈国栋、王海芹等著《山东典型地质遗迹》，在野外调查和系统研究的基础上，对山东省地质遗迹类型、分布、基本特征、成因、演化过程、保存、开发利用现状进行了系统归纳和总结，对其典型性、稀有性、完整性等科学价值、美学价值、科普价值和旅游开发价值进行了评述，提出了保护与开发利用的建议，可为有效保护合理开发地质景观遗迹资源提供科学依据。

2016年1月山东省国土资源厅著《山东地质公园》，从地质环境、地质遗迹、自然风光、人文景观等方面，对山东长清张夏—崮山省级地质公园、山东历城蟠龙山省级地质公园、山东济南华山省级地质公园、济南历城水帘峡省级地质公园、济南章丘百脉泉省级地质公园、济南趵突泉泉群省级地质公园等进行了全景式的文字介绍和图片展示，用地质学理论知识，对地质公园主要地质景观的特征和形式作出了科学的诠释。

2016年12月山东省遥感技术应用中心完成了《山东省旅游地质资源遥感调查与评价（滨州、东营、聊城、德州、济南、泰安、菏泽、济宁）报告》，描述了地质遥感影像特征，圈定出研究区的旅游地质资源分布范围，对七星台一带地质遗迹进行了评述，为研究区旅游地质资源保护与开发及科学研究提供了翔实可靠的参考依据。

2017年山东省地质环境监测总站完成了《山东省重要地质遗迹综合调查报告》，通过调查首次摸清了山东省重要地质遗迹资源家底，对济南市内张夏—崮山华北寒武系标准剖面、济南上升泉泉群等19处重要地质遗迹进行调查与评价，为本项目的开展提供了基础资料和科学依据。

2018年山东省地质环境监测总站完成了《华北地区重要地质遗迹调查（山东）成果报告》，建立了山东省80处重要地质遗迹名录，其中涉及济南市的有山东泰山岩群地质剖面、济南上升泉泉群、张夏—崮山华北寒武系标准剖面等6处重要地质遗迹，为本项目的开展提供了基础资料和科学依据。

Chapter 2

第二章

地质遗迹调查方法及内容

第一节 地质遗迹资料收集和分析研究

地质遗迹资料的收集是地质遗迹调查工作的第一步，是地质遗迹调查工作最为关键的一步，也是地质遗迹调查的主要工作。地质遗迹资料的收集、分析、筛选将影响到整个地质遗迹调查工作的质量。为此，在地质遗迹资料的收集、分析、筛选工作中，聘请山东省在基础地质、地层、构造、岩浆岩、变质岩、古生物、矿产地质、水工环方面的技术专家指导和策划，征求各方面的专家意见，进行充分的收集、挖掘，调查各类地质遗迹在济南市境内的分布、赋存状态及保护现状，筛选出重要的地质遗迹，组织专家进行鉴评。

一、地质遗迹资料的收集

（一）基础地质资料

本次工作收集的资料包括山东省区域地质志，山东省岩石地层，济南市志，济南市泉水志，济南市1∶10万地质图，济南市1∶10万基岩地质图，济南市1∶10万矿产地质图，中国矿床发现史（山东卷），济南市古生物化石群及产地研究，不同比例尺（1∶50000~1∶250000）区域地质调查、区域水文地质与工程地质调查、区域环境（或地貌）地质调查、地质灾害调查、地热调查、济南市旅游资源资料等，以及其他相关的古生物化石、古人类遗址专题研究资料。此类资料可以提供区域基础地质背景及发展演化特征，为选取典型（或重要）的地质遗迹提供调查线索。另外，还包括以下基础地质资料：济南市省级地质公园申报材料；区域气象资料，包括区域气候变迁历史、常年气温、降雨、风向风力变化资料；区域自然地理资料，包括地形、地貌等分布状态、变迁历史与特征；

区域经济地理资料，包括已有交通状况、经济类型、产业结构与布局、特产等；区域人文资料，包括民族与民族风情、人口结构、科学文化教育设施、文化历史遗迹、社会变迁历史、与地质遗迹有关的民间故事和人文传说；研究区所在行政区各级政府社会经济发展规划资料，包括工农业经济规划目标与产业布局，特别是旅游业和第三产业经济发展规划；旅游、林业、文化部门等与地质遗迹有关的其他资料。

（二）地质遗迹资源调查研究相关成果资料

主要包括《济南市长清区张夏—崮山华北寒武系标准剖面省级地质遗迹保护研究报告》《山东省张夏—崮山地区中国寒武系标准剖面地质遗迹保护研究报告》《山东省济南市长清区馒头山地质遗迹调查与保护研究报告》《山东省重要地质遗迹综合调查报告》《济南城市地质调查报告》《山东典型地质遗迹》《山东地质公园》。此类资料为地质遗迹专项调查研究报告，调查研究精度较高，为梳理全市重要地质遗迹资源提供了宝贵材料。

省级地质公园、地质遗迹保护区调查报告及规划相关成果。主要有济南华山省级地质公园、济南市长清区张夏—崮山省级地质公园、济南市历城区蟠龙山省级地质公园、山东济南水帘峡省级地质公园、济南章丘百脉泉省级地质公园、济南趵突泉泉群省级地质公园等（表2-1）。这些资料又直接可利用地质遗迹调查。

表2-1　济南市重要地质遗迹调查与评价资料收集清单

序号	成果名称	工作性质	工作单位或作者	完成时间
1	1∶200000章丘等10幅区域地质测量报告	区域地质调查	山东省地矿厅、北京地质学院	1961年
2	1∶250000章丘区幅区域地质调查报告	区域地质调查	山东省地质矿产局	1988年
3	1∶200000泰安、新泰幅区域地质调查报告	区域地质调查	山东省地矿局区调队	1992年
4	1∶200000济南、禹城幅区域地质调查报告	区域地质调查	山东省地矿局区调队	1996年
5	1∶250000淄博市幅区域地质调查报告	区域地质调查	山东省地质调查院	2005年
6	1∶50000济南幅、历城幅、兴隆庄幅、齐河县幅区域地质调查报告	区域地质调查	山东省地质调查院	2011年
7	1∶50000枣园幅、邹平市幅、章丘区幅、周村幅区域地质调查报告	区域地质调查	山东省地质矿产局	1988年

续表

序号	成果名称	工作性质	工作单位或作者	完成时间
8	1:50000张夏幅、肥城幅区域地质调查报告	区域地质调查	山东省地质矿产局	1995年
9	1:50000埠村幅区域地质调查报告	区域地质调查	山东省地质矿产局	1995年
10	1:50000仲宫幅、大王庄幅、雪野幅、博山幅区域地质调查报告	区域地质调查	山东省地质矿产局第一地质大队	1995年
11	1:50000东平县幅、平阴县幅、汶上县幅、大羊集幅区域地质调查报告	区域地质调查	山东省第四地质矿产勘查院	2016年
12	1:50000文祖幅、淄川幅区域地质调查报告	区域地质调查	中国地质大学（北京）淄川区调队	1999年
13	山东省济南铁矿地质勘探总结报告	矿产资源勘查	山东省冶金局502队	1958年
14	山东省济南铁矿历城尹家沟地质报告	矿产资源勘查	山东省地质局济南二队	1959年
15	山东省济南铁矿洪山坡详查报告	矿产资源勘查	山东省地质局济南一队	1959年
16	山东省济南铁矿高尔矿区地质勘探报告	矿产资源勘查	山东省地质局济南一队	1959年
17	山东省济南铁矿砂沟矿区地质勘探总结报告	矿产资源勘查	山东省地质局济南一队	1959年
18	山东省济南铁矿东风矿区地质勘探总结报告	矿产资源勘查	山东省地质局济南一队	1959年
19	山东省济南东郊铁矿机床四厂矿区详查报告	矿产资源勘查	山东省地质局第五地质大队	1972年
20	山东省济南郭店铁矿矿区地质普查报告	矿产资源勘查	山东省地质局第五地质大队	1972年
21	山东省济南郭店铁矿武家山矿区普查勘探报告	矿产资源勘查	山东省地质局第五地质大队	1972年
22	山东省济南郭店铁矿流海矿区地质普查报告	矿产资源勘查	山东省地质局第五地质大队	1972年
23	山东省齐河济西煤矿勘探报告	矿产资源勘查	山东省煤炭局地勘队	1972年
24	山东省齐河袁庄煤矿勘探报告	矿产资源勘查	山东省煤炭局地勘队	1972年
25	山东省章丘大有铁矿普查报告	矿产资源勘查	山东省地质局第五地质大队	1973年
26	山东省济南市华山镇卧牛山辉长岩矿区勘探地质报告	矿产资源勘查	国家建材局	1989年
27	山东省济南市鸭旺口地热田详查报告	矿产资源勘查	山东省环境水文地质总站	1989年
28	山东省济南地热普查报告	矿产资源勘查	山东省地矿局八〇一队	1993年
29	山东省齐河县焦斌屯—小周地热资源普查报告	矿产资源勘查	山东省地矿工程勘察院	1998年
30	山东省齐河县潘店区煤炭普查地质报告	矿产资源勘查	山东省煤炭地质工程勘察院	2002年
31	山东省黄河北煤田赵官镇井田勘探（精查）地质报告	矿产资源勘查	山东煤田地质局第三勘探队	2002年
32	山东省济南市历城区武将山矿区铁矿详查报告	矿产资源勘查	山东省物化探勘查院	2005年
33	1:200000济南、泰安幅综合水文地质调查	水文地质勘查	山东省地矿局第一水文队	1981年
34	1:200000禹城、章丘幅综合水文地质调查	水文地质勘查	山东省地矿局第一水文队	1981年

续表

序号	成果名称	工作性质	工作单位或作者	完成时间
35	济南市保泉供水水文地质勘探报告	水文地质勘查	山东省地矿局八〇一队	1989年
36	济南市保泉供水水文地质勘探水质模型报告	水文地质勘查	山东省地矿局八〇一队	1989年
37	济南白泉—武家供水水源地水文地质勘探	水文地质勘查	山东省地质局第一水文队	1990年
38	山东省小清河沿岸污染区章丘段人畜用水水源勘察报告	水文地质勘查	山东省地勘局第二水文队	1991年
39	济南泉域西郊岩溶水系统水力联系研究报告	水文地质勘查	山东省地矿局八〇一队	1993年
40	济南泉域岩溶水系统研究	水文地质勘查	徐军祥等	1998年
41	山东省济南市地下水资源分布及合理开发利用报告	水文地质勘查	山东省地矿局地质环境监测总站	1999年
42	济南市明水泉域保护报告	水文地质勘查	山东省地矿建设工程集团有限公司	2003年
43	济南市名泉保护研究	水文地质勘查	山东省地矿局地质环境监测总站	2008年
44	济南轨道交通建设对泉水的影响研究报告（线网规划阶段）	水文地质勘查	北京城建勘测设计研究院有限责任公司、山东省地矿工程勘察院等	2010年
45	济南白泉泉群水文地质勘查报告	水文地质勘查	山东省地矿工程勘察院	2013年
46	济南市地质环境监测报告	水文地质勘查	山东省地质环境监测总站	1986年
47	济南市多参数立体化综合地质调查报告	水文地质勘查	山东省地矿工程勘察院	2005年
48	山东省济南市城市系列图	水文地质勘查	山东省地矿局第一地质队	1987年
49	济南水质模型	水文地质勘查	山东省环境水文总站	1983年
50	山东省工程地质远景区划报告	水文地质勘查	山东省地矿局第三水文队	1985年
51	山东省环境地质图集	水文地质勘查	山东省地矿局第一水文队	1995年
52	济南地区地下水污染状况调查报告	水文地质勘查	山东省地质局第一水文队	1981年
53	济南辉长岩初步研究报告	综合研究	山东省地质局816队	1965年
54	1:500000山东省地质图	综合研究	山东省地矿局综合研究队	1975年
55	山东省前晚第三季基岩地质图	综合研究	山东省地质局地科所	1980年
56	1:500000山东省水文地质图	综合研究	山东省地矿局第一水文地质大队	1980年
57	1:500000山东省水文地质图	综合研究	山东省地矿局第三水文地质大队	1985年
58	山东省寒武纪地层及沉积相特征研究报告	综合研究	山东省地矿局综合研究队	1986年
59	山东省济南市城市系列图	综合研究	山东省地矿局第一水文地质大队	1987年
60	山东省第四纪地层与环境变迁	综合研究	山东省地矿局第二水文地质大队	1988年
61	山东省区域矿产总结	综合研究	山东省地矿局区调队	1990年

续表

序号	成果名称	工作性质	工作单位或作者	完成时间
62	山东省区域地质志	综合研究	山东省地质调查院	2018年
63	山东省环境地质图集	综合研究	山东省地矿局八〇一水文地质工程地质大队	1995年
64	1:500000山东省环境水文地质说明书	综合研究	山东省环境地质监测总站	1996年
65	山东省岩石地层	综合研究	山东省地矿局区调队	1996年
66	山东省区域地质	综合研究	山东省第四地质勘查院	2003年
67	山东省侵入岩岩石谱系	综合研究	山东省地矿局	2004年
68	山东矿床	综合研究	孔庆友、张天祯等	2006年
69	济南城市地质调查	综合研究	山东省地质调查院	2013年
70	山东省系列编图	综合研究	山东省地质调查院	2013年
71	济南市泉水志	综合研究	济南市史志办公室	2013年
72	山东省济南市鸭旺口地热田详查报告	地热地质勘查	山东省环境水文地质总站	1989年
73	山东省济南地热普查报告	地热地质勘查	山东省地矿局八〇一水文地质工程地质大队	1993年
74	济南市历城区鸭旺口济钢温泉度假村地热单井勘察报告	地热地质勘查	山东省冶金地质公司水文公司	1996年
75	山东省济南市槐荫区三教堂—吴家堡地热资源普查报告	地热地质勘查	山东省地矿工程勘察院	1998年
76	山东省齐河县焦斌屯—小周地热资源普查报告	地热地质勘查	山东省地矿工程勘察院	1998年
77	济南市北部地区地热资源普查报告	地热地质勘查	山东省第一地质矿产勘查院	1998年
78	济南市沿黄经济开发区地热资源综合调查评价报告	地热地质勘查	山东省地矿工程勘察院	2005年
79	济南北部地区地热田开发与保护研究报告	地热地质勘查	山东省地矿工程勘察院	2005年
80	山东省济南市济阳北部地热资源普查报告	地热地质勘查	山东省地矿集团有限公司	2007年
81	山东省济阳区济北经济开发区洼里王地热单井地质报告	地热地质勘查	山东省第一地质矿产勘查院	2010年
82	山东省章丘区枣园桃花山地热资源普查报告	地热地质勘查	山东省地质环境监测总站	2011年
83	山东省济南市长清区张夏—崮山地质公园综合考察报告	地质遗迹勘查	山东省地质科学实验研究院	2003年
84	山东济南蟠龙山省级地质公园规划	地质遗迹勘查	山东省地质环境监测总站	2012年
85	山东省济南市华山省级地质公园综合考察报告	地质遗迹勘查	山东省地质环境监测总站	2007年
86	济南水帘峡省级地质公园综合考察报告	地质遗迹勘查	山东省地矿工程勘察院	2009年
87	章丘百脉泉省级地质公园综合考察报告	地质遗迹勘查	山东省地矿集团公司	2011年

续表

序号	成果名称	工作性质	工作单位或作者	完成时间
88	济南泉水省级地质公园综合考察报告	地质遗迹勘查	山东省地质环境监测总站	2012年
89	济南市长清区张夏—崮山华北寒武系标准剖面省级地质遗迹保护研究报告	地质遗迹勘查	山东省地质科学实验研究院	2003年
90	山东省张夏—崮山地区中国寒武系标准剖面地质遗迹保护研究报告	地质遗迹勘查	山东省地质科学实验研究院	2006年
91	山东省济南市长清区馒头山地质遗迹调查与保护研究报告	地质遗迹勘查	山东省地质科学实验研究院	2006年
92	山东地质公园	地质遗迹勘查	山东省国土资源厅	2016年
93	济南市古生物化石调查评价与区划报告	地质遗迹勘查	中化地质矿山总局山东地质勘查院	2014年
94	山东省地质遗迹调查	地质遗迹勘查	山东省地质环境监测总站	2015年
95	山东典型地质遗迹	地质遗迹勘查	李洪奎、陈国栋、王海芹等	2015年
96	山东省地质遗迹资源	地质遗迹勘查	蒙永辉、王集宁等	2017年

（三）专业学术论文

主要为与济南市重要地质遗迹有关的地质构造、侵入岩、火山岩、变质岩、沉积岩、古生物化石以及岩石地貌学等方面公开发表的学术论文。收集到的相关论文超过50篇。

收集的各类地质资料基本齐全，内容完整，符合地质遗迹调查室内初步整理要求。通过所收集资料的综合分析，初步掌握区内地质遗迹、环境地质背景条件的分布范围、发育规模；同时获取政府及有关部门对生态环境的治理、地质资源开发利用及重大工程规划等方面的信息。

二、地质遗迹资料的分析研究整理

（一）掌握济南市地质遗迹数量及分布等基本情况，分析区域地质背景

对收集的地质遗迹相关成果资料进行分析研究，筛选出各类地质遗迹信息，摸清全市地质遗迹家底，掌握济南市目前地质遗迹类型及分布等情况，将地质

遗迹点信息数字化并标注于图上，了解全市地质遗迹出露区、集中分布区等基本情况，圈定地质遗迹范围，初步分析不同类型地质遗迹点的产出地质背景、分布特征与地质构造和地壳运动的关系。

（二）进行地质遗迹分类，初步掌握目前各类地质遗迹的基本情况

按照基础地质大类（地层剖面类、岩石剖面类、构造剖面类、重要化石产地类、重要岩矿石产地类）、地貌景观大类（岩土体地貌类、水体地貌类、火山地貌类、构造地貌类等）、地质灾害大类（地质灾害遗迹类）等三大类地质遗迹，进行地质遗迹的收集、筛选、分析、归类。分析研究着重从以下几个方面进行。

（1）区域地质分析研究，分析收集的各种地质资料，从各种地质资料中筛选出世界级、国家级、省级地层剖面类、岩石剖面类、构造剖面类、重要化石产地类、重要岩矿石产地类等地质遗迹。

（2）区域地貌景观（包括岩土体地貌、水体地貌、火山地貌、构造地貌）分析研究，充分利用前人旅游资源普查、地质公园申报等方面资料，研究区域地貌的成因、特征、类别及分布规律，找出具有价值的地貌景观大类地质遗迹。

（3）区域地质灾害分析研究，充分收集利用济南市地质灾害区划和环境地质调查成果资料，从中筛选出具有科普保护价值的地质灾害地质遗迹。

最后在每类地质遗迹选取一个典型，将其与国内外类似地质遗迹点作对比，评价其在地学、美学以及历史文化等方面的价值，从而由点及面掌握目前各类地质遗迹的基本情况。

（三）筛选和梳理已有地质遗迹资料，填写地质遗迹筛选信息表

对已有的地质遗迹保护区或地质遗迹点资料进行筛选和梳理，依据相关技术规范，查明每处地质遗迹资料的完整性（包括完整、基本完整和不完整三类），利用现有信息初步建立重要地质遗迹筛选信息表，筛选出需要开展补充调查的地质遗迹名单，明确每处地质遗迹需要补充调查的内容、手段、时间等，为下一步地质遗迹调查工作的开展做好导向。

地质遗迹主要包括以下几方面：

基础地质大类地质遗迹：在济南、山东、国内甚至国际地层（构造）中具有对比意义的典型剖面、化石及产地、岩矿石及产地等，能够为济南地壳演化、中国东部甚至全球演化过程中的某一重大地质历史事件或深化阶段提供重要地质证据的地质遗迹或典型地质现象。

地貌景观大类地质遗迹：有一定规模、保存完整，在济南市、山东省、国内甚至国际范围内具有典型性、稀有性，其地质意义在一定区域内具有代表性的地质地貌景观，包括岩土体、水体、火山和构造等。

地质灾害大类地质遗迹：典型、重大或罕见、保存完整的地质灾害，具有一定或特殊科学意义，可供教学实习及科普教育功能的地质遗迹。

（四）地质遗迹影响因素分析

对地质遗迹造成影响的人为、区域气象、区域植被等因素进行研究。人为影响因素的分析研究，是对地质遗迹是否遭受到破坏及其保护状况，进行调查分析研究；区域气象因素分析研究，对研究区历史的、现状的气象特征、变迁规律、重大气象事件及常年风、雨、雪、温差的季节性变化研究，了解地质遗迹形成过程中的气候因素，从中总结出今后地质遗迹开发利用和保护应考虑的气候条件；区域植被因素分析研究，不同的地质遗迹必然有不同的植被群落相配置，植被对于地质遗迹既有装点景色的正面作用，也有破坏地质遗迹的负面影响。从开发利用的角度上，需要前者；从保护的角度上，又要抑制后者。所以，前期研究中对调查地质遗迹区植被的研究也是一项不可忽视的内容。

第二节 地质遗迹野外调查

地质遗迹调查工作主要是在对地质遗迹资料分析研究的基础上，对筛选出的重要地质遗迹点有针对性地开展野外实地核实验证工作，具体到现场获取资料，包括GPS定位、照相或摄像和野外记录等。主要按照《地质遗迹调查规范》（DZ/T 0303—2017）开展济南市重要地质遗迹调查工作。

一、野外调查准备

（1）调查组：根据任务组建项目调查组织结构，明确成员职责和分工。参加地质遗迹调查成员均具备基础地质、地质遗迹、旅游地质等方面的专业知识。

（2）技术准备：根据参加调查人员实际情况，在调查前进行业务技术学习，项目负责人组织全体成员学习上级下达任务书，设计书和有关规范，并依研究区地质情况学习有关地质理论和方法。

（3）资料收集：包括适用于研究区的地形底图、航（卫）片、前人在该地区地质图件及有关地质遗迹方面研究成果等。

（4）现场踏勘：项目负责人组织全体成员到研究区进行现场踏勘，对研究区代表性地层、构造、岩浆岩等，做到了解地质情况、统一认识。

（5）统一技术要求：在现场踏勘的基础上，项目负责人组织项目组成员学习工作细则和有关技术规定，统一工作方法及技术要求。

（6）设备准备：准备实地调查所需设备，如手持GPS定位仪、手持激光测距仪、摄影摄像设备、野外整理资料所用笔记本电脑、野外所用车辆等。

（7）准备多份地质遗迹调查表。

二、野外调查方法

（1）在资料分析研究的基础上，筛选济南市重要地质遗迹点进行野外调查与验证，具体到现场获取资料，包括GPS定位、照相或摄像和野外记录等。

（2）地质遗迹调查主要采用调查路线方法。调查路线包括穿越路线与追索路线相结合的方法，路线布置能较全面地控制研究区内全部或主要地质遗迹。位于地质公园景区或自然风景区的地质遗迹调查，路线布置与旅游路线相结合。调查点的布置根据依收集资料来看是否存在典型性、稀有性、有科学价值和观赏价值的地质遗迹点确定。通过部署控制性路线调查，连续观察和记录描述地质遗迹的客观特征，勾绘信手剖面图，划分地质遗迹单元，标识界线，同时进行必要的素描、照相、摄像及样品采集。

（3）采用最新的国家测绘部门编制的1∶100000（重点研究区1∶50000）地形

图为底图，1:25000地质遗迹测量采用最新的国家测绘部门编制的1:50000地形图放大后的1:25000地形图为底图。调查中全部采用GPS结合地形地物定位，将地质遗迹的位置、边界、范围、地质背景等要素（如地层时代、岩层产状、岩性、断层、地质界线等）现场标定在地形手绘图上。观测点统一编号，按统一格式的调查记录表进行记录。所有调查地质遗迹点均准确标绘到野外手图上。

（4）地质遗迹调查点的调查重点是验证观察与记录的重点是地质遗迹的形态特征、物质组成、地质遗迹点的性质（自然出露、人工开挖）、保护现状等，对重要地质现象或景观点勾绘信手剖面、素描图，照相或摄像。

三、地质遗迹调查内容

（一）自然地理特征调查

调查地质遗迹点的地理位置，所在区域的地形地貌、植被、气候、水文，以及与地质遗迹相关的人文历史等内容。

（二）地质遗迹特征调查

调查地质遗迹点的分布、规模、形态、物质组成、性状、组合关系等基本内容，分析研究地质遗迹点的地质背景（岩性、地层和构造）、成因（内外营力）及演化，确定地质遗迹点类型，圈定地质遗迹点范围，初步评价其科学价值与美学价值。分类侧重调查以下内容。

（1）地层剖面侧重调查分层特征、接触关系及地层序列。

（2）岩石剖面侧重调查岩石结构、岩性分层及岩相序列。

（3）地质构造剖面侧重调查地质体和构造形迹及其所构成的空间结构与先后次序。

（4）古生物化石产地侧重调查古生物化石的个体种属及数量、埋藏特征、赋存层位，收集反映古生态与古地理环境的证据。

（5）重要岩矿石产地侧重调查矿体的结构形态、产状、控矿构造和围岩蚀变等；矿业遗迹侧重探、采、选、冶、加工、商贸的遗址调查和矿业史料的收集；陨石产地侧重陨石的成分、数量、形态、体积、质量等。

（6）岩土体地貌侧重调查地貌单元的岩性、形态、规模、组合、结构关系、地理分布、地貌形成的控制因素等特征，以及景观的美学特征。

（7）水体地貌侧重观测水体流量、流速、水温、水质、形态、规模等，以及不同季节的景观特征及其依存的地质地貌环境。

（8）火山地貌侧重调查火山的形态、大小及其喷发期次、时代和岩性成分等。

（9）构造地貌侧重调查断块山、断陷盆、断层崖、褶皱隆起的面积、形态、位移距离和活动构造的位置、性质和时代等。

（10）其他地质灾害侧重调查灾害的类型、规模、形态、分布范围、造成的危害程度等，了解灾害发生的时间序列和主要原因。

（三）保护利用状况调查

调查地质遗迹点的保护与开发利用现状、存在的问题与面临的威胁，并提出保护利用建议。

四、野外资料整理

（一）日常性整理

野外工作期间及时进行资料整理。整理内容包括调查表、工作手图、实际材料图等。按有关要求进行自检、互检、项目技术负责人抽检，并妥善保管质量检查卡片。

（二）阶段整理

项目技术负责人安排作业人员采取相关的统计技术方法对阶段性成果进行整理和研究（包括调查表、工作手图、实际材料图编制），编制各种图件、表格及文字小结，对发现的问题及时纠正和补救。项目整理过程中聘请地质遗迹领域权威专家，对原始资料整理和研究进行培训和指导。项目调查组接受地勘院及上级业务主管部门质量检查，并对检查中发现的问题予以纠正。

Chapter 3

第三章

济南市地质遗迹的类型及特征

济南市又名“泉城”，地处华北平原与鲁中山区的过渡带，格局独特，南部重峦叠嶂、群峰叠翠，北部沃野广袤，山清水秀，风光旖旎，古文化璀璨，泉水星罗棋布，更有“天下第一泉——趵突泉”驰名中外，自古就有“济南山水佳齐鲁，泉佳天下”之赞誉。区内“齐烟九点”、黄河、大明湖、千佛山相互点缀，构成“四面荷花三面柳，一城山色半城湖”的美景，更有丰富的地质旅游资源，是融山、泉、湖、河、城为一体的山水城市，是国家级历史文化名城。

第一节　济南市地质遗迹类型

济南市地质遗迹资源保存完好，数量多，等级高，密度大，组合较好，各种地质现象类型多样、鲜明生动，与地貌景观和水体景观有机融合。因此其典型性、稀有性、自然性、系统性和完整性、优美性等特征突出，具有极高的科学研究价值和美学观赏价值。

采用《地质遗迹调查规范》（DZ/T 0303—2017）中地质遗迹分类标准，结合济南市地质遗迹的形成原因、自然属性、管理和保护、价值、观赏性等因素划分为3个大类、10个类、20个亚类（表3-1）。

表3-1　济南市重要地质遗迹类型统计表

遗迹类型			典型实例	数量/个		
大类	类	亚类		亚类	类	大类
基础地质大类地质遗迹	地层剖面	层型（典型剖面）	济南长清张夏—崮山华北寒武系标准剖面	7	9	35
		地质事件剖面	章丘于家庄二叠纪石盒子群孝妇河组—三叠纪石千峰群孙家沟组剖面	2		
	岩石剖面	侵入岩剖面	天桥—历城济南序列岩石剖面	3	4	
		变质岩剖面	章丘垛庄官营花岗岩深熔混合岩化带	1		
	构造剖面	不整合面	章丘垛庄团员沟泰山岩群山草峪组与寒武纪地层不整合面	5	10	
		褶皱与变形	市中丘山紧闭褶皱	1		
		断裂	千佛山断裂	4		

续表

遗迹类型			典型实例	数量/个		
大类	类	亚类		亚类	类	大类
基础地质大类地质遗迹	重要化石产地	古植物化石产地	章丘闫家峪长申地北植物化石产地	1	8	35
		古动物化石产地	章丘朱家峪头足类化石产地	7		
	重要岩矿石产地	矿业遗址	历城卧牛山“济南青”辉长岩	4	4	
地貌景观大类地质遗迹	岩土体地貌	碳酸盐岩地貌（岩溶地貌）	历城蟠龙山碳酸盐岩地貌	10	14	33
		侵入岩地貌	济南“齐烟九点”侵入岩地貌	2		
		变质岩地貌	历城柳埠水帘峡	1		
		黄土地貌	平阴土林	1		
	水体地貌	河流（景观带）	黄河（济南段）	3	16	
		湿地—沼泽	山东济西湿地	6		
		泉	济南上升泉泉群	7		
	火山地貌	火山岩地貌	章丘长白山火山地貌	1	1	
	构造地貌	峡谷（断层崖）	长清灵岩山一线天	2	2	
地质灾害大类地质遗迹	地质灾害遗迹	滑坡	历城西营阁老滑坡	4	4	4

注：济南长清张夏—崮山华北寒武系标准剖面包括层型（典型剖面）、古动物化石产地、不整合面、碳酸盐岩地貌（岩溶地貌）四个亚类，章丘枣园巴漏河组层型剖面包括层型（典型剖面）、古动物化石产地两个亚类，历城蟠龙山碳酸盐岩地貌包括碳酸盐岩地貌（岩溶地貌）、滑坡两个亚类，济南上升泉泉群包括泉、湖泊两个亚类。

经调查统计，济南市共有重要地质遗迹72处，其中基础地质大类35处（占49%）、地貌景观大类33处（占46%）、地质灾害大类4处（占5%）（图3-1），其中世界级3处、国家级3处、省级20处、省级以下46处。

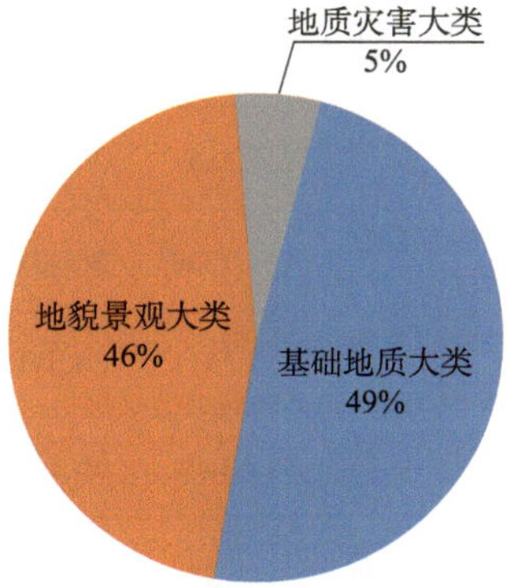

图3-1 济南市重要地质遗迹分类饼图

第二节　济南市地质遗迹特征

五岳独尊的泰山之阴，丘陵起伏，渐次沉降，终至形成一片狭长的山前倾斜平原。山前平原北侧即母亲河黄河，滚滚东奔入海。济南就坐落在泰山黄河翼护的这片地带。独特的地质基础和特殊的自然地理条件，孕育了济南独具特色的地质遗迹资源，各类地质遗迹在山东省、我国乃至世界上都具有典型性和代表性，具有极高的观赏性和地学研究意义。

一、基础地质大类地质遗迹

经调查统计，济南市基础地质大类地质遗迹有35处，其中地层剖面类9处、岩石剖面类4处、构造剖面类10处、重要化石产地类8处、重要岩矿石产地类4处（表3–2）。

表3–2　基础地质大类地质遗迹简表

序号	遗迹名称	位置	地理坐标		等级	保护现状	利用现状
			经度/（°）	纬度/（°）			
1	济南长清张夏—崮山华北寒武系标准剖面	长清区山东长清张夏—崮山省级地质公园	116.5335	36.2605	世界级	山东长清张夏—崮山省级地质公园	科研、科普
2	历城枣林—章丘团员沟泰山岩群剖面	章丘区垛庄镇团员沟村西	117.1858	36.3021	世界级	未保护	科研
3	历下大佛头九龙群上部—马家沟群下部层型剖面	历下区千佛山街道	117.0300	36.3780	省级	千佛山风景区	科研、观光
4	章丘枣园巴漏河组层型剖面	章丘区明水街道岗子村	117.2857	36.4429	省级	未保护	科研
5	章丘枣园大站组层型剖面	章丘区枣园镇大站村	117.2828	36.4312	省级	未保护	科研
6	历城唐王韩家庄黑土湖组层型剖面	历城区唐王镇韩新庄村	117.1711	36.4911	省级	未保护	科研
7	章丘白云湖组层型剖面	章丘区白云湖镇	117.2424	36.5326	省级	济南白云湖湿地	科研、科普、观光
8	章丘于家庄二叠纪石盒子群孝妇河组—三叠纪石千峰群孙家沟组剖面	章丘区普集镇于家庄村	117.2914	36.4925	省级	未保护	科研

续表

序号	遗迹名称	位置	地理坐标		等级	保护现状	利用现状
			经度/(°)	纬度/(°)			
9	章丘孙家沟侏罗纪淄博群三台组—白垩纪莱阳群城山后组剖面	章丘区相公庄镇孙家庄村	117.3453	36.4952	省级	未保护	科研
10	天桥—历城济南序列岩石剖面	天桥、历城区	116.5957	36.4422	省级	济南华山省级地质公园	科研
11	历城西营—七星台新甫山序列岩石剖面	章丘区垛庄镇七星台	117.1928	36.2932	省级以下	未保护	科研
12	章丘官营—垛庄傲徕山序列岩石剖面	章丘区垛庄镇下射垛村	117.2254	36.2849	省级以下	未保护	科研
13	章丘垛庄官营花岗岩深熔混合岩化带	章丘区垛庄镇官营村东南	117.2130	36.2858	国家级	未保护	科研
14	长清灵岩寺傲徕山序列中粒二长花岗岩与寒武纪地层不整合面	长清区万德镇灵岩寺	116.5842	36.2146	省级以下	灵岩寺风景区	科研、观光
15	历城新甫山序列中粒含黑云片麻状奥长花岗岩与寒武纪地层不整合面	历城区西营镇赵家庄村东	117.1751	36.3058	省级以下	未保护	科研
16	历城西营林枝泰山岩群雁翎关组与寒武纪地层不整合面	历城区西营镇林枝村	117.1909	36.3053	省级	未保护	科研
17	章丘垛庄团员沟泰山岩群山草峪组与寒武纪地层不整合面	章丘区垛庄镇团员沟村东南	117.2000	36.3011	省级	未保护	科研
18	章丘垛庄傲徕山序列中粒二长花岗岩与寒武纪地层不整合面	章丘区垛庄镇邵庄村	117.2443	36.2918	省级以下	未保护	科研
19	市中丘山紧闭褶皱	市中区党家庄街道丘山	116.5308	36.3521	省级以下	未保护	科研
20	千佛山断裂	市中区十六里河镇小岭村西	117.0339	36.3611	省级以下	未保护	科研
21	东坞断裂	历城区港沟镇两河村	117.1115	36.3623	省级以下	未保护	科研
22	文祖断裂	章丘区文祖镇鲁地村	117.3209	36.3037	省级以下	未保护	科研
23	射垛断裂	章丘区垛庄镇下射垛村	117.2254	62.837	省级以下	未保护	科研
24	章丘长申地北石炭—二叠纪植物化石产地	章丘区闫家峪乡长申地村	117.4210	36.3850	省级以下	未保护	科研
25	历城雅居园五阳山组头足类、腹足类化石产地	历城区雅居园小区	117.0657	36.3958	省级以下	未保护	科研

续表

序号	遗迹名称	位置	地理坐标		等级	保护现状	利用现状
			经度/(°)	纬度/(°)			
26	历城郭店虞山万山组双壳类及植物化石产地	历城区郭店镇山前村	117.1424	36.4402	省级以下	未保护	科研
27	历城彩石王家鹊山五阳山组角石、腹足类化石产地	历城区彩石镇王家鹊山村	117.2004	36.3820	省级以下	未保护	科研
28	历城彩石马头山—李家窝五阳山组角石、腹足类化石产地	历城区彩石镇李家窝村	117.2011	36.3824	省级以下	未保护	科研
29	章丘垛庄十八盘—赵家岭馒头组、崮山组三叶虫化石产地	章丘区垛庄镇赵家岭村	117.2100	36.3138	省级以下	未保护	科研
30	章丘朱家峪五阳山组头足类化石产地	章丘区管庄乡朱家峪村	117.3435	36.3937	省级以下	未保护	科研
31	章丘锦屏山五阳山组头足类化石产地	章丘区垛庄镇南石屋村	117.2752	36.3323	省级以下	未保护	科研
32	历城卧牛山“济南青”辉长岩矿业遗址	历城区华山街道办事处卧牛山地质公园	117.0504	36.4429	省级以下	济南华山省级地质公园	科研、科普、观光
33	历城“柳埠红”花岗岩矿业遗址	历城区柳埠镇刘家峪村	117.0904	36.2353	省级以下	未保护	科研
34	长清马山双泉木鱼石矿业遗址	长清区马山镇双泉村	116.4639	36.2618	省级以下	未保护	科研
35	历城张马屯铁矿矿业遗址	历城区王舍人镇张马屯村	117.0725	36.4250	省级以下	济南钢城矿业有限公司	工业生产

(一)地层剖面类地质遗迹

地质剖面是地球历史各个阶段留下的记录，不仅具有重要的科学研究价值，而且是构成各种地质公园和自然公园的物质基础。济南市山地丘陵区基岩发育良好，为地层剖面类地质遗迹资源的赋存提供了良好的先决条件，地质遗迹资源露头较多，出露良好，虽然目前尚未建立“金钉子”，但在地层研究方向历来受到国内外学者的重视，是国内外地学研究的天然实验室，大量典型而珍稀的地层遗迹吸引着络绎不绝的国内外学者前来考察研究。

1. 济南长清张夏—崮山华北寒武系标准地层剖面

济南长清张夏—崮山华北寒武系标准地层剖面，以其完整的剖面层序、丰富多彩的沉积构造现象、种类繁多保存完整的生物化石，记录了距今4.9亿~5.2亿年，相隔约3000万年期间这个地区的古海陆环境、古气候条件、古地理特征、古海盆状况，以及4.9亿年以来地壳的演化过程，这些具有丰富内涵的珍贵地质遗迹现象是认识自然、研究地球不可多得的遗产。

济南长清区张夏—崮山地区寒武纪地层发育，出露完好，接触关系清楚，岩石类型和沉积构造现象丰富，古生物化石丰富，保存完整，备受国内外地质学家瞩目。主要地质遗迹有华北寒武系标准剖面、古生物化石、沉积构造、石灰岩地貌景观及溶洞、崩塌地质灾害等，是进行层序地层学、多重地层划分对比和研究的理想地区，是进行地质科学教育的良好基地，是不可多得的“地学实验室”。主要特征如下。

张夏馒头山剖面出露张夏组石灰岩以下以页岩、云泥岩为主的地层（即馒头页岩）。崮山火车站东虎头崖到黄草顶剖面石灰岩出露最完整，剖面顶底界线明显，化石丰富。崮山镇东北两公里处唐王寨剖面崮山组、炒米店组出露齐全，化石富集易采，是研究崮山阶顶底界线、长山阶顶底界线及其内部生物带划分的有利剖面。崮山镇东北的范家庄剖面、凤山阶各层出露连续，是研究寒武—奥陶系界线的理想剖面，除三叶虫化石种属是凤山阶特有的化石外，在剖面的西北端点处，奥陶系底部含有丰富的角石。张夏—崮山地区发育完整的寒武纪地层，其与25亿年前所形成的变质基底岩系之间为不整合接触。馒头山北坡出露的不整合现象清晰而典型，为省内外所罕见。该处地层出露完好，界线未被掩盖；在不整合面之上的寒武系底部为砾岩，其砾石成分中所包含的下伏变质花岗质岩石清晰可见；不整合面之下可见到早前寒武纪基底岩系古风化裂隙中，沉积倒灌形成垂直贯入的沉积岩脉。在范家庄剖面上，寒武系顶面与奥陶系之间为整合接触，但是其岩石界线十分明显，其上为白云岩，时代为早奥陶世的角石类化石；其下为灰岩或白云质灰岩，时代为晚寒武世。就整个山东寒武、奥陶系之界线来说，是岩石地层界线与年代地层界线一致的典型出露地。

华北寒武系标准剖面的馒头山剖面、虎头崖—黄草顶剖面、唐王寨剖面和范家庄剖面四条主要剖面的详细情况介绍如下。

（1）馒头山剖面。

馒头组剖面位于山东省长清区张夏镇馒头山北侧（图3-2）（116°53′35″，36°26′05″；据于学峰等2009年重测并参考了张增奇等1992年资料）。该剖面出

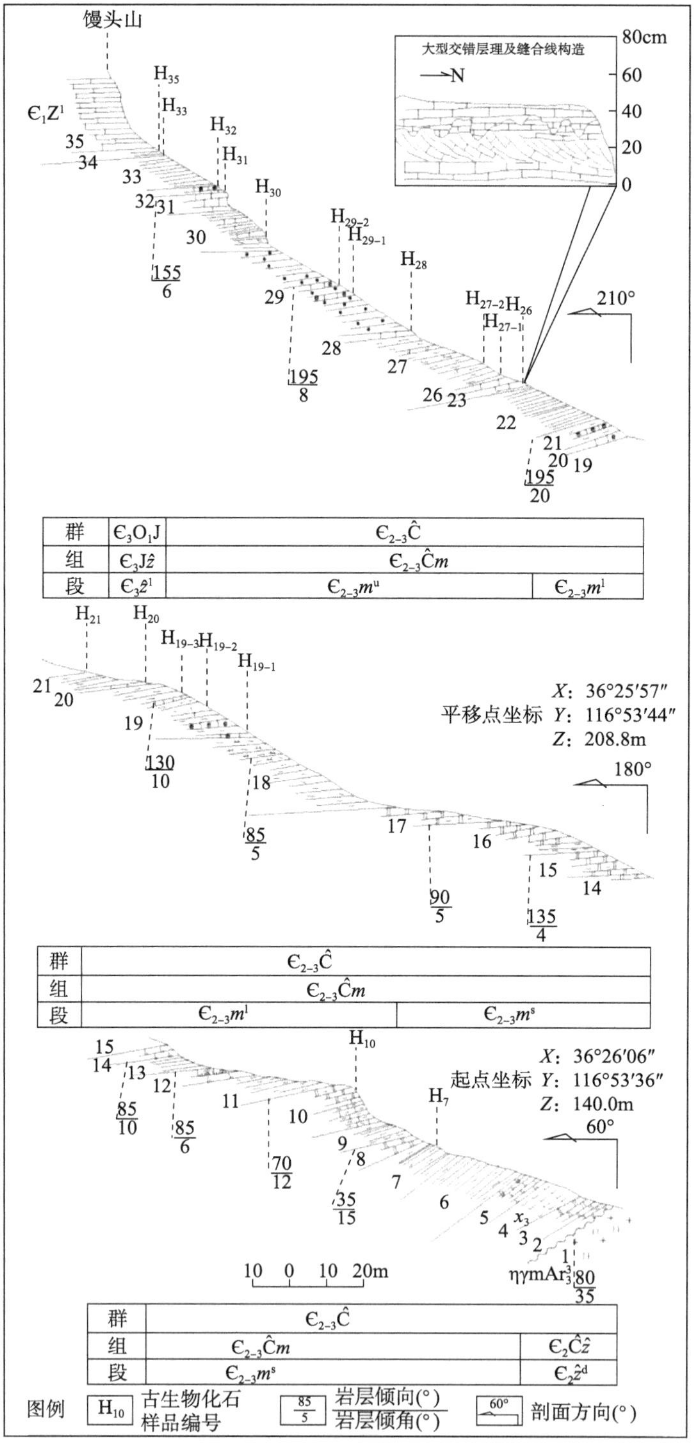

图3-2 济南市长清区张夏镇馒头山寒武系长清群馒头组剖面图

露张夏组石灰岩以下以页岩、云泥岩为主的地层（即馒头页岩），馒头山地层中富含三叶虫古生物化石。馒头组剖面以紫（砖）红色页岩为主，夹云泥岩、泥云岩、白云岩、灰岩及中粒石英砂岩，普遍分布于整个鲁西地区。馒头组与上覆九龙群张夏组整合接触，地层厚度多大于200m。馒头组由下而上划分为石店段、下页岩段、洪河砂岩段、鲕粒灰岩层及上页岩段（图3-3）。

图3-3 馒头山剖面远景

本组盛产三叶虫，另有少量藻类、软舌螺等。三叶虫：*Redlichia chinensis*，*R.nobilis*，*Rmurakamii*，*R.hupeiensis;Yaojiaanyuella*，*Shantungaspis*，*Probowmania*，*Probowmaniella*，*Paragunnia*，*Hsuchuangia*，*Zhongtiaoshanaspis*，*Honanaspis*，*Ruichengaspis*，*Inouyia*，*Poriagraulos*，*Sunaspis*，*Bailiella*，*Jinnania* sp.，*Proasaphiscus* sp.，本组顶部偶见*Lioparia*。藻：*Girvanella manchurica*。软舌螺：*Hyolithes* sp.。

根据上述生物组合，该组地质年代为下至中寒武世，自都匀期至台江期。与上覆地层、下伏地层的接触关系、分层、岩性、厚度、化石描述如下。

上覆地层：张夏组下灰岩段鲕粒灰岩

————整合————

馒头组上页岩段（$\epsilon_{2-3}m^{u}$）

33.暗紫红色纸片状页岩，夹少量灰绿色页岩。顶部产三叶虫：*Bailiella lantenoisi*	10.30m
32.灰色薄层含海绿石生物碎屑微晶—泥晶灰岩夹灰绿色页岩。产三叶虫：*Proasaphiscus sp.*	2.28m
31.灰色厚层泥晶—亮晶含海绿石砂屑鲕粒灰岩，底部具较多的“砾屑”。产三叶虫：*Poriagraulos abrota*	3.80m
30.紫灰色页岩为主，自下而上夹有褐灰色中层含钙质砂岩、灰色中厚层生物碎屑粒灰岩、含砾屑鲕粒灰岩、褐红色鲕粒赤铁矿层、灰色中厚层鲕粒灰岩。产三叶虫：*Sunaspis laevi*	8.13m

29.紫灰色含粉砂页岩为主，下部夹绿灰色含粉砂页岩、灰褐色薄至中层含海绿石细砂岩、钙质粉砂岩及粉砂质微晶灰岩，中部夹深灰色中层亮晶生物碎屑鲕粒灰岩及砂屑灰岩。产三叶虫：*Ruichengaspis* sp.，*Jinnania* sp.	25.99m
27.灰紫色含粉砂页岩夹薄层—凸镜状粉屑灰质白云岩及钙质粉砂岩。不产三叶虫：*Ruichengella* sp.	19.26m
26.赤红色中层泥晶—亮晶含生物碎屑鲕粒灰岩，层面具波痕。产三叶虫：*Hsuchuangia Hsuchangensis*、*Zhongtiaoshanaspis* sp.	0.55m
25.灰色中层亮晶含生物碎屑鲕粒砂屑灰岩，具缝合线构造	0.26m
24.灰色中层亮晶含生物碎屑核形石灰岩。产藻类：*Girvanella manchu*	0.22m
23.灰褐色厚层亮晶含生物碎屑鲕粒砂屑灰岩，具缝合线构造	0.80m
馒头组下页岩段（$\epsilon_{2-3}m^1$）	
22.紫红色纸片状页岩，微含粉砂及云母片，偶夹灰绿色页岩	13.94m
21.暗紫色含粉砂页岩夹亮晶生物碎屑灰岩、砂屑灰岩、粉砂质灰岩及钙质粉砂岩凸镜体或其薄层，灰质粉砂岩层面具波痕。产三叶虫：*Shantungaspis aclis*，*Psilostracusmantoensis*及软舌螺：*Hyolithes* sp.	4.88m
20.灰色厚层泥晶—亮晶含生物碎屑鲕粒灰岩。产三叶虫：*Shantungaspis aclis*，*Psilostracus mantoensis*	0.65m
19.暗紫色含云母粉砂质页岩，夹灰至浅灰色中薄层—凸镜状亮晶生物碎屑灰岩、鲕粒灰岩、砂屑灰岩，底部为厚约40cm的灰色亮晶生物碎屑灰岩。产三叶虫：*Shantungaspis Aclis*，*Yaojiayuella ocellata*，*Psilostracusmantoensis*，*Qiaotouaspis shandongensis*，*Mantoushania subconica*，*Weijiaspis maozhuangensis*，*Probowmnia* sp.	17.96m
18.砖红色纹层状含粉砂云泥岩（鲜红色易碎页岩）夹紫红色薄层具小型交错层理的含粉砂泥云岩	14.49m
馒头组石店段（$\epsilon_{2-3}m^S$）	
17.黄灰色薄层含粉砂微晶—泥晶泥质白云岩，上部夹杂色纹层状含粉砂云泥岩	3.90m
16.灰紫色中厚层含粉砂泥质白云岩，底为紫红色纹层状含粉砂云泥岩	7.22m
15.褐灰色薄至中层微晶含泥白云岩，下部夹黄绿及紫红色页岩	6.84m
14.灰色厚层微晶—泥晶灰质白云岩，底为黄灰色薄层泥云岩，灰质白云岩具密集的显微水平层理，偶见微冲刷构造，薄层泥云岩层面具干裂纹	2.50m
13.紫红色页岩偶夹灰绿色页岩	3.40m
12.褐灰色中—厚层砂屑灰质白云岩，顶为厚约1m的叠层石灰质白云岩，砂屑灰质白云岩具“人”字形层理、束状层理及小型槽状交错层理，叠层石灰质白云岩之藻纹层呈相连的半球状、孤立的半球状或波纹状	3.40m
11.灰紫色纹层状含粉砂云泥岩，偶夹薄层含粉砂泥晶—微晶泥云岩	10.00m
10.下部浅褐黄色薄—中层含云泥质灰岩夹薄层生物碎屑灰岩；上部浅紫灰色中厚层泥质白云岩。产三叶虫：*Redlichia* sp.	12.57m
9.紫红色纹层状含粉砂泥云岩，偶夹绿灰色页岩及灰色薄层云质泥灰岩	3.85m
8.灰色中层微晶—泥晶白云岩夹薄层微晶灰岩	2.20m
7.灰黄色薄层泥晶泥云岩夹少量绿灰色页岩，底部可相变为灰色链条状含生物碎屑泥晶灰岩。产三叶虫：*Redlichia chinensis*	8.46m
6.紫红色纹层状含粉砂云泥岩、底为灰黄色薄层含粉砂泥云岩，后者具石盐假晶印痕	15.22m

————整合————

朱砂洞组丁家庄白云岩段（$\text{Є}\hat{Z}^{d}$）

5.灰色薄层夹中层含泥灰质白云岩，顶部为厚约1m的含燧石结核灰质白云岩	5.87m
4.煌斑岩脉，近岩脉围岩具轻微蚀变现象	（7.38m）
3.褐灰色中厚层含燧石条带白云岩，具微细水平层理，局部具束状层理，下部具缝合线构造，上部含较多砂屑，燧石条带呈黑灰色，具密集的显微水平层理	4.43m
2.灰黄色薄层含灰质白云岩，含少量粉砂，具微细水平层理，局部具假角砾构造	2.36m

~~~~~~~~角度不整合~~~~~~~~

1.新太古代中粒二长花岗岩

（2）虎头崖—黄草顶剖面。

虎头崖—黄草顶剖面位于济南市长清区崮山镇虎头崖—黄草顶，属于寒武纪九龙群张夏组剖面（图3-4）。该层型剖面为张夏组石灰岩出露最完整的地方，剖面顶底界线明显，化石丰富，是全国同时代地层的对比标准，是层序地层研究的最好剖面。

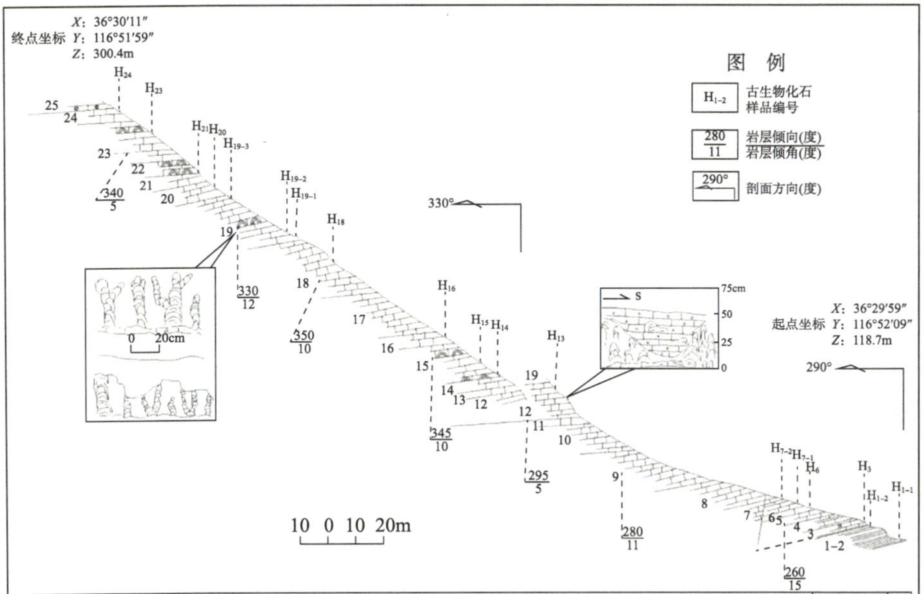

$\text{Є}_2\text{O}_1\text{J}$			$\text{Є}_{2-3}\hat{\text{C}}$	群
$\text{Є}_{3-1}\text{J}g$	$\text{Є}_2\text{J}\hat{z}$		$\text{Є}_{2-3}\hat{\text{C}}m$	组
	$\text{Є}_3\hat{z}^{a}$	$\text{Є}_3\hat{z}^{1}$	$\text{Є}_{2-3}m^{s}$	段

图3-4　济南市长清区崮山镇虎头崖—黄草顶中寒武世九龙群张夏组剖面图

张夏组以鲕粒灰岩为主，次为藻丘灰岩，藻屑凝块灰岩，以及云斑—云质条带细晶灰岩，厚层微晶灰岩，局部夹藻白云岩，下部常含海绿石而使岩石常
~~~~~~~~

呈淡绿色，鲕粒灰岩局部形成5cm×15cm大小砾屑，中部浅绿色薄层链条状含云斑—云质条带状粉晶藻凝块灰岩夹灰色厚层生物碎屑细晶灰岩。具体描述如下。

上覆地层：崮山组

24.灰色中薄层含生物碎屑泥晶准砾屑灰岩与黄绿色页岩互层，夹黄灰色中薄层泥晶—亮晶砾屑灰岩、薄层疙瘩状—链条状泥质条带—泥纹泥晶灰岩，产三叶虫：*Blackwelderia* sp.，*Damesella* sp.，*Monkaspis Deulis* 7.28m

————整合————

张夏组上灰岩段（$\in_3\hat{Z}^{u}$）

23.灰色厚层泥晶—亮晶含生物碎屑藻屑灰岩，产三叶虫：*Yabeia laevigata*，*Damsella paronaie* 4.58m

22.灰色中厚层藻凝块灰岩夹叠层石灰岩及含生物碎屑核形石藻球粒灰岩。上部产三叶虫：*Liopeishania* sp. 14.40m

21.灰色中厚层叠层石灰岩。上部夹一层厚约0.5m的含生物碎屑鲕粒灰岩 5.16m

20.灰色厚层亮晶—泥晶鲕粒灰岩，产三叶虫：*Solenoparia* sp. 2.95m

19.灰色厚层云斑藻凝块灰岩。夹深灰色中厚层亮晶含海绿石生物碎屑鲕粒灰岩。产三叶虫：*Grandioculus* sp. 6.32m

18.灰色厚层云斑—云质条带藻凝块灰岩夹灰色厚层藻球粒凝块石灰岩，下部夹含生物碎屑鲕粒灰岩，上部夹含生物碎屑砂屑灰岩及叠层石灰岩。产三叶虫：*Amphoton* sp.，*Taitzuia* sp.，*Paralevisia* sp.，*Levisia* sp.，*Aojia* sp.，*Menocephalites* sp.，*Tetreasceroura* sp.，*Lisania* sp. 22.50m

17.灰色厚层亮晶含藻砂屑鲕粒灰岩。产三叶虫：*Dorypyge richthofen* 23.05m

16.灰色厚层云斑—云质条带凝块石灰岩夹灰色中厚层亮晶藻砂屑灰岩 16.83m

15.灰色中厚层含生物碎屑藻凝块灰岩与褐灰色中至厚层云斑藻凝块泥晶灰岩不等厚互层。产三叶虫：*Crepicephalina* sp.，*Metanomocarella rectangula*、*Solenoparia* sp. 5.42m

14.浅绿灰色中薄层云斑—云质条带藻凝块灰岩夹浅灰色中厚层叠层石灰岩及云斑含生物碎屑藻凝块灰岩。产三叶虫：*Crepicephalina* sp.，*Luia sp.Solenoparia* sp. 13.55m

13.灰色厚层含生物碎屑泥晶鲕粒灰岩。产三叶虫：*Koptura* sp. 4.07m

12.浅褐灰色厚层云斑含生物碎屑藻凝块灰岩 2.71m

11.灰色厚层亮晶藻鲕粒灰岩，下部夹中厚层砾屑鲕粒灰岩，上部夹亮晶藻屑凝块石灰岩，产三叶虫：*Kolpura* sp.，*Solenoparia* sp.，*isania* sp. 13.00m

张夏组下灰岩段（$\in_3\hat{Z}^{1}$）

10.灰色块状泥晶—亮晶砂屑鲕粒灰岩 2.30m

9.灰色厚层砂屑藻鲕粒灰岩 11.15m

8.灰色厚层泥晶—亮晶砂屑鲕粒灰岩 16.59m

7.灰色云斑泥晶灰岩，含凝块石和藻球粒等 11.62m

6.灰色厚层亮晶鲕粒灰岩。产三叶虫：*Dorypyge richthofen*、*Liopeishania* sp. 9.72m

5.灰色厚层泥晶—亮晶藻凝块鲕粒灰岩。产三叶虫：*Inouyella* sp. 2.26m

4.灰色中层泥晶—亮晶鲕粒灰岩，偶夹绿灰色页岩 5.09m

3.灰色中层微晶鲕粒灰岩夹少量黄绿色页岩 3.96m

2.深灰色中薄层含海绿石微晶鲕粒灰岩。产三叶虫：*Lioparia* sp.，*Proasaphiscus* sp. 2.83m

————整合————

下伏地层：馒头组上页岩段（$\epsilon_{2-3}m^u$）

1.暗紫红色纸片状页岩，夹少量灰绿色页岩。顶部产三叶虫：*Bailiella lantenoisi* 10.30m

张夏组生物特点是盛产三叶虫，在张夏地区其主要组合为*Lioparia*、*Dorypyge*、*Anomocarella*、*Crepicephalina*、*Liopeishania*、*Amphoton*、*Amphotonella*、*Poshania*、*Taitzuia*、*Fuchouia*、*Damesella*、*Yabeia*等。

（3）唐王寨剖面。

唐王寨剖面位于长清区崮山镇唐王寨南坡（*Y*：116°51′3″，*X*：36°30′03″；据于学峰、张富中等2009年重测），属于寒武纪九龙群崮山组剖面（图3-5）。

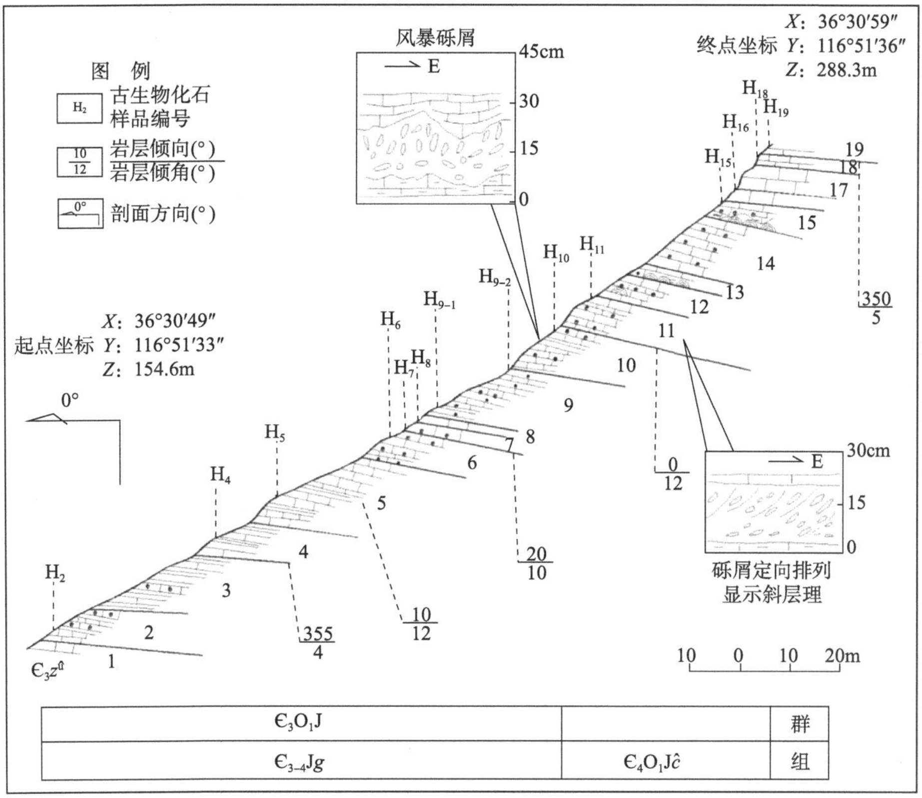

图3-5 济南市长清区崮山镇唐王寨晚寒武世崮山组地质剖面图

崮山组总体上由碎屑灰岩—薄层灰岩—页岩三类岩石反复叠置而成，靠近顶部页岩逐渐减少，当页岩消失时则过渡为炒米店组。因此，崮山组与炒米店组呈相变过渡关系。具体描述如下。

上覆地层：炒米店组

11.灰色、紫灰色中薄—中厚层泥晶砾屑灰岩与黄灰色薄层泥灰岩互层，夹灰色薄板状具虫迹构造的泥质条带泥晶灰岩，顶为厚30cm的深灰色生物碎屑灰岩。产三叶虫：*Parachangshania hsiaoshihensis*；牙形石：*Westergaardodina bicuspidata*（双刺韦氏牙形石），*Muellerodus? erectus*（直立米勒齿牙形石），*Prosagittodontus eureka*（厄尔卡原镞牙形石），*Ceolocerodontus bicostatus*，*Frunishina tortilis*，*F.* spp.（费氏牙形石未定多种） 5.94m

————整合————

崮山组（$\epsilon_{3-4}Jg$）

10.灰色中薄层泥晶砾屑灰岩夹紫灰色中厚层具紫红色氧化圈之砾屑灰岩、灰色薄层泥晶灰岩及少量绿灰色中薄层生物碎屑灰岩。产三叶虫：*Changshania sp.*，*rvingella* sp. 9.65m

9.绿灰色钙质页岩与灰色薄板状泥晶灰岩互层，夹灰色中薄层泥晶—亮晶含生物碎屑砾屑灰岩及少量紫红色页岩。产三叶虫：*Changshania equdlis*；牙形石：*Muellerodus? erectus*（直立米勒牙形石），*Westergaardodina Bicuspidate*，*W.aff.bohlini*，*W.tricuspidata*（三刺韦氏牙形石），*Furnishina quadrata*（方形费氏牙形石），*F.tortilis*、*F.cf.alata*（？），*F.*spp.，*Muellerodus? erectus*，*Ceolocerodotus bicostatus* 35m

8.褐灰色中层亮晶海绿石生物碎屑灰岩。产三叶虫：*Chuangia* sp. 1.25m

7.紫灰色中厚层亮晶含生物碎屑砾屑灰岩夹灰色中层泥晶—亮晶砾屑灰岩、含生物碎屑鲕粒灰岩，产三叶虫：*Chuangia convoluta* 1.88m

6.灰色中薄层泥晶—亮晶砾屑灰岩与黄灰色薄层泥纹—泥质条带泥晶灰岩互层，夹紫灰色中层具氧化圈之泥晶砾屑灰岩及薄层生物碎屑灰岩。产三叶虫：*Drepanura premesnili*、*Liostracina krausei*，*Shantungia* sp.*Blackwelderia* sp.；牙形石：*Westergaardodina matsushitai*（松下韦氏牙形石），*W.mossebergensis*（穆斯贝格韦氏牙形石），*Furnishina tortilis* 6.63m

5.灰色薄层亮晶—泥晶砂屑砾屑灰岩夹泥晶灰岩，偶夹黄绿色页岩及灰色中厚层鲕粒灰岩。产三叶虫：*Drepanura* sp.，*Blackwelderia* sp.，*Kolpura* sp.；牙形石：*Westergaardodina matsushitai*（松下韦氏牙形石），*W. moessebergensis*（穆斯贝格韦氏牙形石），*W.quadrata*（方形韦氏牙形石），*W.elegans*（优美韦氏牙形石），*W.orygma*（凹坑韦氏牙形石），*W.*spp.（韦氏牙形石定多种），*Furnishina lingulata*（舌形费氏牙形石），*F.polonica*，*F.tortilis*，*F.vasmerae*，*F.kleithria*，*F.bicarinata*，*F.*spp.（费氏牙形石未定多种），*F.asymmetrica*（不对称费氏牙形石），*Muellerodus cambricus*（寒武米勒齿牙形石），*M.oelandicus*（厄兰米勒齿牙形石），*Phakelodus tenuis*（细瘦串牙形石） 17.24m

4.灰色薄层泥质条带泥晶灰岩，疙瘩状—链条状泥纹泥晶灰岩与黄绿色页岩互层，夹灰色中薄层泥晶砾屑灰岩。产牙形石：*Westergaardodina Matsushitai*，*W.moessebergensis*，*W.elegans*，*W.quadrata*，*W.orygma*，*W.* spp.，*Furnishina tortilis* 7.27m

3.黄绿色页岩夹黄灰色薄层泥质条带泥晶灰岩，疙瘩状—链条状泥纹泥晶灰岩及灰色中薄层含生物碎屑砂屑砾屑灰岩。产三叶虫：*Blackwelderia* sp.；牙形石：*Westerg-aardodina quadrata*，*W.orygma*，*W.*sp.，*Furnishinatortilis*，*F.*spp.，*F.cf.alata* 13.44m

2.灰色中薄层含生物碎屑泥晶准砾屑灰岩与黄绿色页岩互层，夹黄灰色中薄层泥晶—亮晶砾屑灰岩、薄层疙瘩状—链条状泥质条带—泥纹泥晶灰岩。产三叶虫：*Blackwelderia* sp.，*Damesella* sp.，*Monkaspis Deulis* 7.28m

————整合————

下伏地层：张夏组上灰岩段（$\epsilon_3\hat{Z}^u$）

1.灰色厚层泥晶—亮晶含生物碎屑藻屑灰岩。产三叶虫：*Yabeia laevigata*，*Damsella paronaie* 4.58m

（4）范庄剖面。

范庄剖面位于长清区崮山镇唐王寨南坡至范庄东坡（*Y*：116°51′35″，*X*：36°30′55″，平移后起点坐标：*Y*：116°51′10″，*X*：36°31′21″；据于学峰、张富中、刘书才等2009年重测）。属于寒武纪九龙群炒米店组剖面（图3-6）。

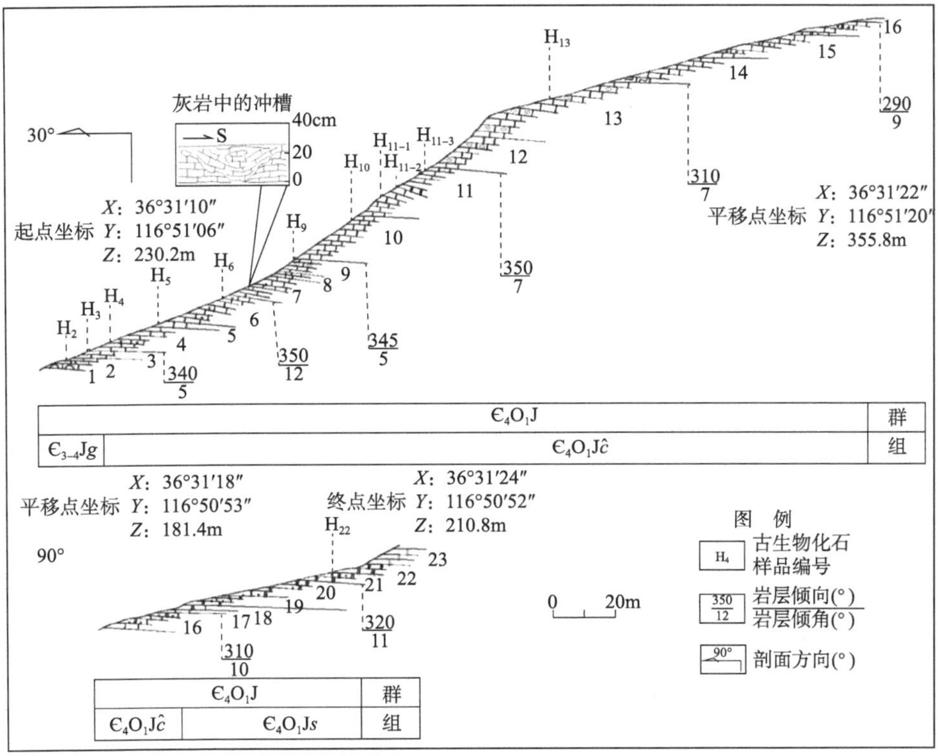

图3-6　济南市长清区崮山镇范庄九龙群炒米店组剖面图

炒米店组以深灰色中厚层藻球粒灰岩、藻球粒微晶灰岩、黄灰色薄层泥纹泥晶灰岩、粉色中厚层云质条带—云斑状泥晶灰岩、紫灰色厚层竹叶状灰岩和灰白色厚层云斑叠层石藻礁灰岩为主，次为青灰色、薄板状灰岩、薄层生物碎屑灰岩、含生物碎屑砂状藻凝块灰岩、浅灰色藻凝块灰岩等，上部偶夹薄层白云岩。其岩性组合下部以竹叶状灰岩夹薄板状灰岩和浅灰色豆层石藻礁灰岩为主，形成缓坡地形。竹叶状砾屑如手指大小，具紫红色氧化圈。浅灰色叠层石藻礁灰岩风化后呈灰白色，形成一人高的大台阶，标志明显，在炒米店组正层型剖面上共5层，自下而上被称为A层、B层、C层、D层和E层。藻礁灰岩之上是竹叶状灰岩与薄层状灰岩反复叠置构成的，其中有一层燧石结核和铁质结核，在华北地层大区广泛存在，具有区域对比意义。该组中部为深灰色云斑状云质条带藻球粒灰岩夹鲕粒灰岩和砾屑灰岩，呈砂粒状，含有铁质结核，形成陡崖。上部则以粉色薄层云质条带—云斑状泥晶灰岩为主。该组顶部为褐灰色中厚层云斑状云质胶结竹叶状砾屑砂屑灰岩夹黄绿色中薄层泥纹泥晶灰岩和灰质白云岩，虫迹构造发育。具体描述如下。

上覆地层：三山子组白云岩

————整合————

炒米店组

18.黄灰色薄层微晶白云质灰岩，顶为厚约35cm的灰色中厚层白云质砾屑灰岩	1.81m
17.灰色中厚层云斑泥晶灰岩夹灰色中厚层白云质砾屑灰岩	1.20m
16.灰色中—薄层云质条带云斑泥晶灰岩与灰色中层砾屑白云质灰岩互层。产牙形石：*Teridontus groacilis*（纤细圆柱牙形石），*T.reclinatus*（反倾圆柱牙形石），*Cordylodus lindstromi*（林氏肿牙形石），*Drepanodu tenuis*（薄镰牙形石）	6.04m
15.灰色中薄层云斑泥晶灰岩夹灰色泥晶砾屑灰岩，偶夹灰色中厚层具小型交错层理的砾砂屑灰岩。产*Cordylodus andresi*（安德氏牙形石），*C.Proavus*（先祖牙形石），*C.intermedius*（居中肿牙形石），*Euconodontus notchpeakensis*（诺峰镇牙形石），*Fryxellodontus inornatus*（无饰费里克塞牙形石）	8.75m
14.灰色杂以褐红色中薄层云质条带泥晶灰岩夹云斑含球粒泥晶灰岩，偶夹灰色中薄层泥晶—亮晶鲕粒砂屑灰岩	8.07m
13.灰色中杂以褐红色中厚层云斑藻球粒泥晶灰岩夹云凝块石灰岩。产三叶虫：*Mictosaukia callisto*，*Quadraticephalus* sp.	7.28m
12.灰色中厚层云斑泥晶灰岩夹浅灰色中厚层藻砂屑凝块石灰岩。产海百合茎化石	10.65m
11.灰色中厚层云质条带藻球粒泥晶灰岩夹薄层藻砂屑灰岩及少量砾屑灰岩、鲕粒砂屑灰岩。产三叶虫：*Mictosaukia callisto*，*Saukia* sp.，*Mareda* sp.，*Tsinania* sp.；牙形石：*Teridontus nakamura I*（中村圆柱牙形石），*Proconodontus serratus*（锯齿原牙形石），*Hertzina americana*（美洲赫茨牙形石），*Gen.et* sp.Indet（种属未定）	19.05m
10.灰色厚层云质条带藻球粒泥晶灰岩夹灰色薄至中层泥晶砾屑灰岩及泥晶砂屑灰岩。产三叶虫：*Quadraticephalus* sp.，*Changia* sp.，*Tsinania* sp.，*Ptychaspis* sp.；牙形石：*Teridontus nakamurai*（中村圆柱牙形石），*Hertzina Americana*，*Proconod-ontus muelleri*（米勒原牙形石），*Hispidodontus* sp.	15.26m
9.灰色薄—中层泥晶砾状藻凝块灰岩与泥晶—亮晶鲕粒砂屑灰岩互层	4.98m
8.灰色中层泥晶—微晶鲕粒灰岩	1.55m
7.灰色薄—中层云质条带球粒泥晶灰岩夹亮晶含生物碎屑砾屑灰岩	15.29m
6.灰色薄层泥纹泥晶灰岩夹灰色中薄层泥晶—亮晶含生物碎屑砂屑砾屑灰岩。产三叶虫：*Tsinania sp.*，*Mareda* sp.；牙形石：*Teridontus nakamurai*，*Proconodontus transitans*（过渡原牙形石），*HertzinaAmericana*	15.45m
5.灰色中厚层微晶—亮晶鲕粒灰岩夹硅质交代的生物碎屑灰岩	2.22m

4.灰色薄层含球粒泥晶灰岩夹灰色薄至中层亮晶生物碎屑砾屑灰岩、砾屑灰岩及砂屑灰岩。产三叶虫：*Tsinania canens*，*ptychaspis* sp.	9.76m
3.灰色中厚层泥晶—亮晶含生物碎屑鲕粒灰岩夹亮晶鲕粒生物碎屑灰岩。产三叶虫：*Tsinania canens*，*Ptychaspis subglobasa*,，*Prosaukia* sp.，*Mansuyia* sp.	3.12m

下接长清区崮山镇唐王寨剖面（图3-5）第18层

18.深灰色薄层含生物碎屑微晶灰岩，具黄灰色云质条带。产三叶虫：*Taishania taianensis*，*Mansuyia orientalis*，*Ampullatocephalina Bifida*，*Pagodia taianensis*，*Parakoldinioidia typicalis*	46m
17.灰色杂以褐黄色块状云斑叠层藻礁灰岩。产三叶虫：*Kaolishania* sp.	4.45m
16.灰色云斑叠层藻礁灰岩。产三叶虫：*Pagodia* sp.	3.60m
15.灰色块状云斑叠层石灰岩及其潮渠沉积物—黄灰色薄层泥质条带泥晶灰岩、砾屑砂屑灰岩及砂屑砾屑灰岩。产三叶虫：*Prochuangia* sp.	5.30m
14.灰色中厚层泥晶砾屑灰岩与灰色中薄层泥纹—泥质条带泥晶灰岩互层	12.62m
13.灰色块状叠层石灰岩及其潮渠沉积物—浅褐灰色中厚层含砾屑及砾屑的泥晶—亮晶砂屑灰岩	2.20m
12.灰色薄层泥纹—泥质条带泥晶灰岩夹灰色中层泥晶砾屑灰岩、泥晶—亮晶砂屑灰岩	5.20m
11.灰色、紫灰色中薄—中厚层泥晶砾屑灰岩与黄灰色薄层泥灰岩互层，夹灰色薄板状具虫迹构造的泥质条带泥晶灰岩，顶为厚30cm的深灰色生物碎屑灰岩。产三叶虫：*Parachangshania hsiaoshihensis*；牙形石：*Westergaardodina bicuspidate*（双刺韦氏牙形石），*Muellerodus? erectus*（直立米勒齿牙形石），*Prosagittodontuseureka*（厄尔卡原镞牙形石），*Ceolocerodontus bicostatus*，*Frunishina tortilis*，*F.*spp.（费氏牙形石未定多种）	5.94m

————整合————

崮山组

10.灰色中薄层泥晶砾屑灰岩夹紫灰色中厚层具紫红色氧化圈之砾屑灰岩、灰色薄层泥晶灰岩及少量绿灰色中薄层生物碎屑灰岩。产三叶虫：*Changshania* sp.，*rvingella* sp.	9.65m

炒米店组含有丰富的三叶虫化石。该组下部主要化石组合为：*Changshania*、*Irvingella*、*Shirakiella*、*Dikelocephalites*、*Maladioides*、*Ampullatocephalina*、*Kaolishania*，球接子主要为：*Homagnostus*、*Rhaptagnostus*。其上部主要三叶虫化石组合：*Tsinania*、*Ptychaspis*、*Prosaukia*，*Quadraticephalus*，*Saukia*，*Tellerina*、*Calvinella*，*Mictosaukia*。

根据生物组合特征，该组地质时代为晚寒武世桃源期至牛车河期。

2. 历城区团员沟—章丘区官营泰山岩群剖面

泰山岩群自下而上划分为4个组：孟家屯岩组、雁翎关组、山草峪组、柳杭组，其中雁翎关组中具变余枕状构造的斜长角闪岩在历城团员沟—章丘官营一带出露最为典型，历城区团员沟—章丘区官营泰山岩群剖面是世界级地质遗迹泰山岩群层型剖面的重要组成部分。在章丘火贯—官营一带泰山岩群雁翎关岩组主要为斜长角闪岩，被锆石SHRIMP U–Pb年龄（2706 ± 9）Ma的片麻状奥长花岗岩脉侵入，枣林至团员沟村一带的地层厚度超过2000m，主体岩性为斜长角闪岩夹少量变粒岩，地层产状变化不大，倾向220°~240°，倾角65°~80°，局部地层接近直立。具枕状构造的变质玄武岩主要分布于团员沟村西和火贯村西南（图3–7）。变形较弱枕状体一般长十几厘米至几十厘米，宽几厘米至十几厘米，长宽比3：1~4：1；强变形枕状体岩枕呈竹叶状，枕状体长30~200cm，宽4~20cm，长宽比大于10。由于变形程度不同，岩枕形态有很大变化，一些层位枕状构造保留十分完整，有些已被完全平行化，呈块状或似层状。枕状体由枕幔和枕壳两部分组成，虽然经受了韧性变形作用改造，变余岩枕多呈压扁—拉长的透镜状或扁椭球状，但枕壳始终闭合，枕壳和枕幔的界线也较清楚，部分岩枕边部发育气孔和杏仁构造。不同大小的岩枕没有明显的分布规律，部分岩枕之间的填充物保留完好，镜下观察主要由粗粒的方解石、粒度不等的石英和少量帘石类矿物组成。一些变形较弱的露头上，岩枕的顶底结构显示地层发生了倒转，岩枕上表面与水平面的夹角40°~60°，指示该组地层为西老东新。

由于鲁西地区既不存在中太古代以前又不存在古元古代以来构造热事件，使之成为研究新太古代时期地壳形成演化历史的理想地区，具有全球意义。对研究27.5亿年前的海相火山活动、还原鲁西新太古代早期的壳幔分异过程和地壳状态具有重要意义。

图3–7　具变余枕状构造的变质玄武岩（章丘团员沟西）

3. 历下大佛头九龙群上部—马家沟群下部层型剖面

马家沟群在济南市分布广泛，主要是一套以灰岩与白云岩相间出现，富含头足类化石为特征的岩石地层单位，为开阔台地相至潮坪潟湖相交替沉积环境形成，由下而上划分为东黄山白云岩组、北庵庄组、土峪组、五阳山组、阁庄组和八陡组，马家沟群是山东省石灰岩矿的重要产出层位，并发育石膏矿层。典型的地质遗迹露头位于历下大佛头，该区出露九龙群下部东黄山组和北庵庄组（图3-8）。东黄山组底部发育稳定的底砾岩，与下覆九龙群三子山组平行不整合接触。该不整合界面由怀远运动引起。界面下、上地层呈平行不整合接触，反映怀远运动期间，地壳以总体抬升为主。该层型剖面对研究生物地层、年代地层、层序地层、沉积环境演化、地质发展历史、鉴定地壳运动和确定构造变形时期具有重要的科学价值。

图3-8 历下大佛头马家沟群下部层型剖面

4. 章丘巴漏河组层型剖面

巴漏河组由蒋忠信等（1978）创名，其命名地点和标准剖面位于章丘区枣园镇大站水库溢洪道北西巴漏河东岸剖面（Y：117°28′，X：36°43′；李道高、郭永盛，1981）。巴漏河组岩性主要为砾岩、泥质灰岩、含砾灰岩、灰岩。石灰岩为纯白色、灰白色中粒结晶灰岩及豆粒灰岩，含砾灰岩、豆粒灰岩中富含核形石，最大直径1~2cm，泥质灰岩多为灰黄色、黄色及灰白色，厚层状，具水平层理，向北缓倾斜。含爬行类、哺乳类、腹足类、介形虫、轮藻等化石。与下伏新近系地层呈角度不整合接触，与上覆第四纪大站组呈平行不整合接触。主要为滨湖相沉积。主要分布在章丘绣惠、枣园和历城鸭旺口一带，在山前平原和丘陵地区零星分布。厚度一般20~30m。鸭旺口南张家庄厚近50m。对山东省地层划分、地质科学研究具有重要意义。

上覆地层：第四纪大站组黄褐色砂质黏土

~~~~~~平行不整合~~~~~~

巴漏河组	厚度：13m
4.白色块状结晶灰岩、豆粒灰岩，产爬行类、哺乳类化石	2m
3.含砾石灰岩，绕砾具同心圆沉积晕，直径达1~2cm	1m
2.白色土状、疙瘩状泥质灰岩，富产介形虫、轮藻化石	2m
1.灰黄色底砾岩，砾石成分为砂页岩、灰岩、中基性岩浆岩	8m

~~~~~~角度不整合~~~~~~

下伏地层：石千峰群刘家沟组中粗粒石英砂岩

5. 章丘大站组层型剖面

大站组是第四系河相沉积的地层单位，其命名地点标准剖面在章丘枣园大站村，该地层单位在整个华北地区通用。

章丘区普集镇小辛庄剖面作为选层型（*Y*：117°40′，*X*：36°43′，山东省岩石地层，1996）。

大站组主要岩性为土黄、灰黄色粉细砂、粉砂土、粉砂质黏土夹少量棕黄色—棕红色粉砂质黏土，含大量钙质结核为特点，有时含较多铁锰质结核，近山前或沟底地层中多含透镜状、似层状砂砾层，层理不发育、常发育垂直节理或裂隙，厚一般3~10m。与下伏羊栏河组平行不整合接触，与上覆黑土湖组整合接触。主要为黄土堆积，局部夹洪冲积物。

大站组富含晚更新世哺乳动物化石，岩性稳定，完全可以马兰组黄土对比，为区域地层对比的标志层。热释光年龄11.0~113ka（王世进等，1999）。

大站组	厚度：15m
2.黄灰白色砂质黏土，底部为厚50cm砾石层，成分为辉长岩，胶结松散	8m
1.黄褐色砂质黏土，底部为厚10cm含砾粗砂层	7m

~~~~~~平行不整合~~~~~~

下伏地层：**羊栏河组**红棕色黏土，底部含较多砾石，混杂堆积，为洪冲积层
~~~~~~

6. 历城唐王黑土湖组层型剖面

黑土湖组为湖沼相沉积，岩性为灰、灰褐—黑灰色粉砂质黏土、黏土，局部夹粉砂层，含铁锰质结核，局部含有陶器碎片及螺类化石。其上与临沂组平行不整合接触；下与大站组呈连续沉积。上部岩性为灰黑色粉质黏土；中部岩性为灰黑—灰黄色粉土；下部岩性为深灰—灰黑色粉质黏土，厚度5~10m（图3-9）。

图3-9 黑土湖组与临沂组平行不整合接触界线（历城韩新庄村）

该组测年数据较多，最大年龄为1.18万年，最小年龄为0.32万年。济南市历城区唐王镇韩新庄村北砖瓦厂采热释光年龄样，年龄值0.738万年（据1:25万淄博幅区域地质调查报告，2005年），均属中—早全新世。

黑土湖组在山东、苏北大部分地区稳定分布，具有区域性标志层的意义。该组局部含有陶器碎片、螺类化石及动物骨骼化石对研究黑土湖组地层划分、古地理、古生物群演化及人类活动具有重要意义。

7. 章丘白云湖组层型剖面

白云湖是第四系湖相沉积的地层单位，其命名地点标准剖面在章丘的白云湖。白云湖组由李永绩等创名，命名地点在章丘区白云湖。白云湖组主要岩性为灰—灰黑色粉砂质黏土，局部夹灰黄色粉砂土，常富含有机质及淡水贝壳。白云湖组厚度一般3~10m，边部薄，向湖中心变厚，粒度变化不大。与下伏黑土湖组、临沂组、巨野组、鱼台组整合接触，横向上与潍北组上部为相变关系。

为近代—现代湖泊、河间洼地沼泽相沉积。该地层单位在整个华北地区通用，具有区域性标志层的意义。

8. 章丘孙家沟侏罗纪淄博群三台组—白垩纪莱阳群城山后组剖面

接触面上覆地层为白垩纪莱阳群城山后组，为河流相沉积形成的长石砂岩及粉砂质泥岩为主夹多层凝灰质砂岩，底部为砾岩和砂岩互层，多有辉长石侵入该组节理裂隙中，上覆地层倾向240°，倾角29°；下伏地层为侏罗纪淄博群三台组浅灰色中厚层细粒长石砂岩（俗称磨刀石），为河流相沉积形成，下伏地层倾向75°，倾角18°。白垩纪莱阳群城山后组与下伏侏罗纪淄博群三台组呈平行不整合接触（图3-10）。

图3-10　侏罗纪和白垩纪不整合接触界线（章丘孙家沟）

该剖面出露完好，界线清楚，特征明显，是山东省内少有的侏罗纪—白垩纪界线，对研究侏罗纪—白垩纪界线划分具有重要的参考意义，对研究侏罗纪和白垩纪之间发生的地质事件具有科学意义，具有地质工作野外观察，教学实习科学价值。

9. 章丘于家庄二叠纪石盒子群孝妇河组—三叠纪石千峰群孙家沟组剖面

该剖面最早于1988年山东省地质一大队在开展1∶20万淄博幅地质调查时最早发现，接触面上覆地层为三叠纪石千峰组孙家沟组沙砾岩，岩石完整，为陆相和河流相沉积形成，紫红色砾岩夹紫红色砂岩，水平层理和斜层理交错出现，上覆地层倾向40°，倾角9°；下伏地层为二叠纪石盒子群孝妇河组灰色砂岩和紫红色泥岩，为海陆交互相沉积，岩石风化强烈，地层倾向150°，倾角14°。根据区调资料三叠纪底界面附近存在较明显的铱异常，这种特殊的地球化学现象与全球性T/P界面（三叠纪与二叠纪之间界面）之间普遍存在的铱异常等痕量元素特征，具有很好的相似性和可对比性，在二叠纪地层中存有大量的生物和化石，而在三叠纪地层中无任何生物和化石，证明在此时期发生了重大的灾变事件。

该剖面2013年前出露完好，界线清楚，特征明显，后来被建筑垃圾、生活垃圾所覆盖，是山东省内少有的二叠纪—三叠纪界线，对研究三叠纪和二叠纪之间发生的地质事件具有科学意义，具有地质工作野外观察，教学实习科学价值。

（二）岩石剖面类地质遗迹

按照地质遗迹形成时代的先后顺序，选择典型遗迹介绍如下。

1. 章丘官营—垛庄傲徕山序列岩石剖面

位于章丘区垛庄镇官营—垛庄水库一带，为大面积出露的新太古代晚期傲徕山序列松山单元中粒二长花岗岩，岩体内部较均匀，基本不含早期变质地层和岩体包体，颜色多为灰白色—浅肉红色，中粒结构、含斑结构，块状构造。岩石节理裂隙较为发育，表面风化较严重（图3-11）。锆石SHRIMP U-Pb年龄为（2516 ± 10）Ma。对研究鲁西地区新太古代地壳运行、岩浆活动具有重要意义，具有地质工作野外观察，地质科学研究的价值。

图3-11　傲徕山序列二长花岗岩（章丘西麦腰）

2. 章丘垛庄官营花岗岩深熔混合岩化带

济南七星台—团员沟—官营一带山草峪岩组东部靠近二长花岗岩一侧深熔作用十分强烈。混合岩化带的宽度1~2km，济南市内长约18km，岩化带的总体走向155°，倾向355°，倾角78°。在官营至大射垛一带，“山草峪岩组”表壳岩被英云闪长片麻岩侵入，深熔原岩包括表壳岩和英云闪长片麻岩两种类型。“山草峪岩组”和侵入其中的英云闪长片麻岩受深熔作用改造，形成空间上具明显分带的深熔混合岩带，自西向东分别为黑云变粒岩、含脉/斑黑云变粒岩、含脉/斑细粒片麻岩和强烈深熔混合岩。官营附近，细粒片麻岩中存在大量浅色脉体，脉体基本没有暗色矿物。在混合岩带内，浅色体占比很大，有的可达50%以上，基本为原地或半原地的深熔产物。细粒片麻岩带和深熔混合岩带之间变化关系明显，一些地方相隔数米就可以出现这两种岩石的变化关系，在短距离内出现深熔强度的突然转变可能指示了地层在水平方向的压缩（图3-12）。深熔作用的时代在（2.50~2.52）Ga之间。

图3-12　花岗岩深熔混合岩化（章丘官营）

3. 天桥—历城济南序列岩石剖面

济南序列为基性—中性侵入岩，主要分布于济南市区及其北、东、西部邻区，平面上呈不规则椭圆形，各岩体一般呈独立侵入体产出，少数形成复杂岩体。侵入奥陶纪及石炭—二叠纪地层。济南序列中无影山、药山、匡山、燕翅山单元分布面积大，范围广，指示岩浆活动早中期较强烈，形成主期侵入体，岩浆活动晚期较弱，形成补充期侵入体。各单元侵入体平面形态呈不规则椭圆形，主期侵入体呈环状分布，各单元之间为涌动或脉动侵入关系，空间形态为东薄西厚的楔状体，据钻孔资料，岩体为自北向南侵入的巨型岩脉，中心在新徐庄—桃园一带，侵入岩与围岩界限清楚，岩体边部发育平行于接触面的流动构造。岩体与奥陶系的接触带形成接触交代型济南铁矿。济南序列辉长岩侵入体也是济南泉水形成的重要因素之一。出露的典型景观有济南鹊山、华山、匡山、药山等“齐烟九点”侵入岩地貌地质遗迹（图3-13）。

图3-13　济南序列金牛山单元中细粒辉长岩（鹊山）

济南辉长岩序列具强力就位特征，原始母岩浆应来源于上地幔与下地壳，是在源区与早期拆沉的下地壳物质混合熔融所形成的产物，上地幔岩浆沿构造薄弱带（如岩性界面、层面等）由北向南以热气球膨胀式上侵，进入盖层后，岩浆顺着地层间的薄弱部位，由北向南侵入，经多次涌动形成济南岩体的主体（无影山岩体、药山岩体、燕翅山岩体）。后期形成规模小，分布零星的金牛山岩体、马鞍山岩体。“齐烟九点”等侵入岩地貌是自第四纪以来，随着喜马拉雅造山运动的兴起，在燕山运动所形成的断块山基本骨架的基础上继续发展的。

其物质组成、构造特点及侵入沉积是研究该时期地质作用的典型实体，对于研究中国东部的中生代以来的地壳运行、岩浆活动具有极其重要的意义。

（三）构造剖面类地质遗迹

区内构造剖面类地质遗迹主要分为不整合面、褶皱与变形和断裂3个亚类，济南市该类共有重要地质遗迹10处，其中不整合面亚类有5处，褶皱与变形亚类有1处，断裂亚类有4处。

1. 不整合面

不整合面是划分地质构造层的重要标志，代表区域构造运动的特点。早古生代，鲁西地区处于被动大陆边缘陆表海沉积环境。早寒武世，本区开始接受海侵，海侵由东南往西北漫进，寒武纪地层呈上超式侵入，使寒武纪与前寒武纪变质基底呈角度不整合沉积接触，海侵主要沉积形成了一套含膏岩系的黄灰色白云岩夹部分细晶白云岩（朱砂洞组）。因下伏地层或岩性不同而形成不同的不整合面。济南市不整合面亚类地质遗迹主要有历城西营林芝泰山岩群雁翎关组与寒武纪地层不整合面、章丘垛庄团员沟泰山岩群山草峪组与寒武纪地层不整合面、章丘垛庄傲徕山序列中粒二长花岗岩与寒武纪地层不整合面、长清灵岩寺傲徕山序列中粒二长花岗岩与寒武纪地层不整合面、济南历城新甫山序列中粒含黑云片麻状奥长花岗岩与寒武纪地层不整合面（图3-14~图3-17）。

图3-14　章丘垛庄泰山岩群山草峪组与寒武纪朱砂洞组不整合面（章丘团员沟）

图3-15　傲徕山序列中粒二长花岗岩与寒武纪地层不整合面（章丘垛庄水库北）

图3-16　泰山岩群雁翎关组与寒武纪李官组不整合面（历城林枝）

图3-17　傲徕山序列中粒二长花岗岩与寒武纪地层不整合面（长清灵岩寺）

2. 褶皱与变形

早古生代沉积盖层较稳定，地层南老北新，总的趋势为向北缓倾的单斜构造，主要是向北北西、北北东向缓倾。褶皱构造不甚发育，主要集中发育于济南市南部基岩区的奥陶系马家沟群北庵庄组、东黄山组中，以轴向东西的小型宽缓褶皱为主，偶见紧闭褶皱、倒转褶皱及平卧褶皱，多组成复合褶皱系列，无较大的区域性褶皱。济南市褶皱与变形亚类地质遗迹主要为市中丘山紧闭褶皱。

在党家庄丘山由于山体开采可见一明显的背斜构造，核部地层为奥陶系马家沟群东黄山组薄层泥质灰岩，两翼地层为奥陶系马家沟群北庵庄组厚层微晶灰岩，可见背斜转折端，轴面近于直立，枢纽走向78°，近于水平，属直立水平褶皱；翼间角较小，属紧闭的圆弧褶皱；岩层厚度在两翼及转折端基本一致，为平行褶皱（图3-18）。背斜规模占据了整个丘山，宽1km，延伸大于1km。

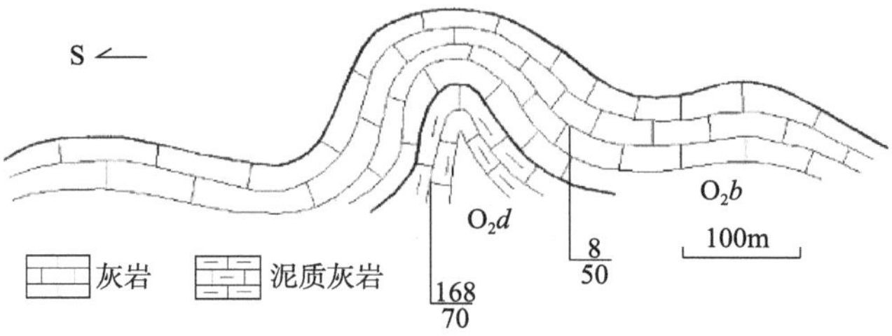

图3-18 背斜褶皱构造（丘山）

3. 断裂

济南市脆性断裂非常发育，是区内主要构造类型。大多具多期活动，性质复杂，规模及产状不同。根据发育方向大致可划分为NW向、NNE向、NEE向和近EW向、近SN向五组。NW—NNW向断裂构造是济南市最发育的断裂系列，局部显示为控泉断裂，为四大泉群形成创造了条件。区内比较典型的断裂亚类地质遗迹主要有千佛山断裂、东坞断裂、文祖断裂、射垛断裂等。

选择典型遗迹千佛山断裂介绍如下。

千佛山断裂为一正断层。总体走向NW—NNW，倾向SW，倾角60°~80°，走向南段330°左右，中段350°左右，北段320°左右。

小岭村地区千佛山断裂特征出露较好，断裂两盘岩性均为炒米店组生物碎屑云斑灰岩，断裂总体产状240°∠75°，断层面平直，局部见擦痕及阶步，断裂破碎带内发育构造角砾岩及方解石脉。主断面两侧发育性质相近的几条次级断裂，整体表现为地垒、地堑及阶梯状断层的正断层组合样式。该遗迹点出露在顺山坡采石坑陡壁，其上即可见三山子组白云岩“漂”在山顶（图3-19和图3-20）。

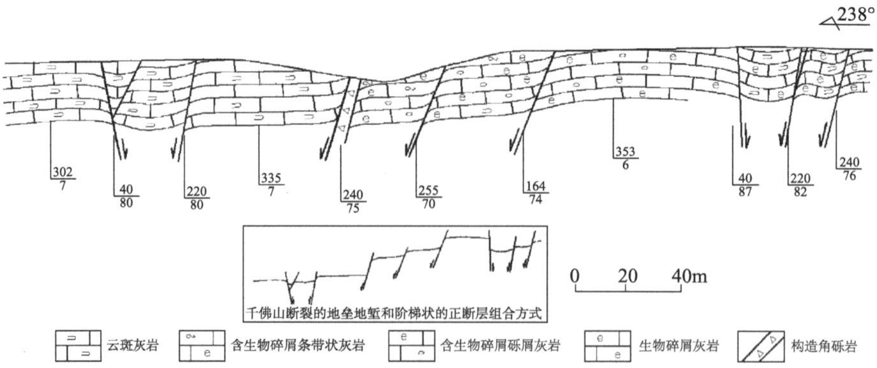

图3-19 千佛山断裂北段小岭村段构造剖面图

图3-20 千佛山断裂断面特征（市中区小岭村）

以千佛山断裂为界，可将济南市分为东西两个不同的区域，存在明显的差别，具有分界性断裂的性质。①地层的展布：断裂两侧地层存在明显的差别，总体表现为断裂西盘地层明显下降，东盘地层明显抬升。②地层厚度：通过沉积相分析，断裂两侧相同地层的厚度存在明显的差别，断裂东侧地层厚度明显较西侧厚。③地貌：断裂西侧多表现为高程低于400m的残丘、丘陵地貌，且河流发育，东侧表现为高程大于500m的低山地貌发育。④褶皱构造：断裂西侧马家沟群内褶皱构造发育，而东侧褶皱构造相当少见。⑤脉岩的发育：研究区中生代中基性脉岩基本上在千佛山断裂以东发育，而西侧则很少见到。⑥中生代济南岩体：地球物理资料显示，第四系隐伏区的济南岩体表现为以千佛山断裂为界，西盘岩体厚度也明显大于东盘。千佛山断裂两盘地质特征的较大差异，也表明千佛山断裂具有活动期次多，构造期长，活动影响范围大等分界性断裂的特点。对研究该区构造活动、断裂产生的影响及济南泉群的成因等具有极其重要的意义。

（四）重要化石产地类地质遗迹

化石是生物演化历史的见证，是由于自然作用保存在地层中的地史时期的生物遗体、遗迹和残留的有机组分，为生命起源、演化研究提供了直接证据，是生物演化的历史见证。济南地区古生物化石类型主要有脊椎动物的爬行类、哺乳类；无脊椎动物化石三叶虫、头足动物、腕足动物、腹足动物、牙形石、珊瑚、蜓类等；藻类及植物化石等，主要分布在长清—历城—章丘一带。

济南市重要化石产地类地质遗迹主要分为古植物化石产地和古动物化石产地2个亚类，济南市该类共有重要地质遗迹8处，其中古植物化石产地亚类有1处、古动物化石产地亚类有7处。

1. 古植物化石产地

济南市典型古植物化石产地为章丘闫家峪长申地北植物化石产地。

该化石产地植物茎干大多为二叉分歧，叶极小，没有叶隙和叶柄，仅具1条不分枝的叶脉，为小型叶，整体呈羽状，由此判断为蕨类植物化石。其属于裸子植物门，多年生草本植物种。该植物化石产于二叠系石盒子群黑山组地层中，出露厚度3~5m，出露面积约1km^2。化石数量较少，密度小，化石长约5cm，宽0.5~1.5cm。二叠系石盒子群黑山组岩性为黄褐色中细粒砂岩、粉砂岩和泥岩等，由于受到后期构造作用的影响，此处岩石非常破碎，地层厚约300m。对研究二叠纪古地理、古气候、地球的演变、生物的价值等具有重要价值。

2. 古动物化石产地

济南市古动物化石比较丰富，主要化石类型为三叶虫、头足类和腹足类，另外还有腕足类、双壳、脊椎动物化石等。特别是三叶虫化石层位多且较富集，长期以来一直是地质学家研究古生代地层、恢复古地理环境的理想地区，也是各大地质院校教学实习、科研院所进行地学研究及地学科普教育的理想场所。现选择典型遗迹介绍如下。

（1）三叶虫化石。

济南市内寒武纪地层中赋存丰富且保存完整的古生物化石，尤其是三叶虫化石数量多，垂向分布连续性好，在一些重要层位富集，化石保存完整，特征明显，易采并利于鉴定，具有地质时代的阶段性特征。在区内寒武纪地层剖面上所建立起来的21个三叶虫化石带，在划分对比寒武纪地层中具有重要意义。截至目前，在区内寒武纪地层剖面上所发现的三叶虫化石共有70属，近百种，为年代地层划分提供了可靠依据，目前所划分的3统7阶就是以三叶虫带化石为标准的。

寒武纪生物化石以三叶虫为主，其特征明显、典型，易于鉴定，根据三叶虫化石在地层中的分布以及组合特征进行生物带划分。根据《山东省区域地质志》划分方案，山东省寒武纪三叶虫化石，由老到新可划分为21个生物带，各地略有差别，于学峰等在莱芜黄羊山划分出19个生物带，根据生物组合特征以及三叶虫分布情况，结合前人资料，在济南长清—馒头山地区可划分出21个生物带，与黄羊山、九龙山及马头崖剖面相比，多Sunaspis *R.Z.*、Lioparia *Ac.Z.*带。

济南长清地区三叶虫化石带，自下而上描述如下。

①*Redlichia chinensis R.Z.*（中华莱德利基虫延限带）

该带以*Redlichia* 繁盛为特征，以*R.chinesis*为特征。该带为测区内寒武系第一个化石带，岩石地层层位为朱砂洞组丁家庄段至馒头组石店段，为灰质白云岩、泥云岩组合。化石主要赋存于薄层泥云岩及生物碎屑灰岩之中，该带共存化石较少，仅见*Redlichia sp*.。

②*Yaojiayuella R.Z.*（小姚家峪虫延限带）

该带三叶虫数量较多。带化石*Yaojiayuella*垂直分布窄，区域上该带普遍发育，在济南长清、莱芜、沂源县平地庄等地均发现该带，该带曾作为毛庄阶之底，现依据中国地层表（征求意见稿）应为都匀阶顶界。该带位于馒头组下页岩段下部暗紫色含云母粉砂岩、灰色中薄层呈凸镜状分布的生物碎屑灰岩中，化石主要赋存于灰色中薄层透镜状生物碎屑鲕粒灰岩中。与带化石*Yaojiayuella*共存的有*Psilostracus*、*Shantungaspis*等。

③*Shantungaspis Ac.Z.*（山东盾壳虫顶峰带）

该带开始出现于台江阶下部，至上部繁盛。*Shantungaspis*（山东盾壳虫）与*Yaojiayuella*（小姚家峪虫）有混生现象。该带范围相当于馒头组下页岩段中下部，岩性为暗紫色粉砂质页岩、砂屑灰岩及生物碎屑灰岩。该带厚度20~30m，与其共存的三叶虫化石有*Psilostracus*（裸壳虫）。

④*Ruichengella R.Z.*（小芮城虫延限带）

该带对应于馒头组下页岩段中上部至上页岩段中下部，化石主要赋存于页岩所夹的灰岩透镜体中。与带化石*Ruichengella*共存的，还见有*Zhongtiaoshanaspis*（中条山盾壳虫）、*Sunaspis*、*Hsuchangensis*（徐庄虫）等，属台江阶第二个化石带。

⑤*Ruichengaspis R.Z.*（芮城盾壳虫延限带）

该带对应于馒头组上页岩段中部，化石主要赋存于薄层的砂质鲕粒灰岩、砂屑灰岩中，与*Ruichengaspis*共存的化石有*Jinnania*（晋南虫），属台江阶第三个化石带。

⑥*Sunaspis R.Z.*（孙氏盾壳虫延限带）

该带对应于馒头组上页岩段上部，岩性为紫色页岩、钙质砂岩及中厚层生物碎屑灰岩。剖面上仅见带化石，区域上与其共存的三叶虫化石有*Metagraulos*（后野营虫），*Proasaphiscus*（原附栉虫）。

⑦*Poriagraulos R.Z.*（毛孔野营虫延限带）

该带对应于馒头组上页岩段顶部，化石主要赋存于厚层泥晶—亮晶含海绿石砂屑鲕粒灰岩中，区域上与其共存的三叶虫化石有*Solenoparia*（沟颊虫），*Honanaspis.*（河南盾壳虫）。

⑧*Bailiella R.Z.*（毕雷氏虫延限带）

该带对应于张夏组的下灰岩段底部，馒头组上页岩段顶部，化石主要赋存于暗紫色、灰绿色页岩中。以*B.lantenosis*（毕雷氏虫）为特征，属种单调，该带顶界亦为台江阶顶界。

⑨*Lioparia Ac.Z.*（光颊虫顶峰带）

该带对应于张夏组下灰岩段底部。化石主要赋存于中薄层海绿石生物碎屑鲕粒灰岩。与其共存的三叶虫化石有*Proasaphiscus*（原附栉虫）。

⑩*Inouyella R.Z.*（小井上虫延限带）

该带对应于张夏组下灰岩段中部，化石主要赋存于藻凝块鲕粒灰岩中。

⑪*Crepicephalina Ac.Z.*（小裂头虫顶峰带）

该带以*Crepicephalina*繁盛为特征，并共生有*Mantunia semiplectia*，*Koptura*等。该带对应于张夏组上灰岩段下部，化石主要赋存于中厚层含生物碎屑藻凝块灰岩中。与*Crepicephalina*共存的化石主要有*Dorypyge*等。

⑫*Amphoton-Taitzuia A.Z.*（双耳虫—太子虫组合带）

该带对应于张夏组上灰岩段中部，化石主要赋存于厚层云斑—条带藻凝块灰岩、生物碎屑灰岩中，与带化石共存的有*Metanomocarella*、*Levisia*、*Aojia*等。

⑬*Yabeia-Damesella A.Z.*（矢部虫—德氏虫组合带）

该带对应于张夏组上灰岩段顶部，化石主要赋存于灰色厚层泥晶—亮晶含生物碎屑藻屑灰岩中。

⑭*Blackwelderia Ac.Z.*（蝴蝶虫顶峰带）

该带为组合带，分布稳定，各地区均位于崮山组中下部黄绿色页岩夹薄层灰岩中。该带为古丈阶第一个化石带，化石主要赋存于黄绿色页岩、瘤状泥质灰岩中。与*Blackwelderia*共存的主要化石有*Stephanocare*（王冠头虫），*Monkaspis*（孟克虫）。

⑮*Drepanura R.Z.*（蝙蝠虫延限带）

该带对应于崮山组中部，化石主要赋存于瘤状泥质灰岩、生物碎屑灰岩、鲕粒灰岩中，其顶界为古丈阶的顶界。与其共存的三叶虫化石有*Blackwelderia*（蝴蝶虫），*Diceratocephalus*（双刺头虫），*Shantungia*（山东虫）。

⑯*Chuangia R.Z.*（庄氏虫延限带）

该带对应于崮山组顶部，化石主要赋存于薄层泥晶灰岩及中薄层生物碎屑灰岩中。该带属种单调但丰度高，相当于排碧阶。

⑰*Changshania-Irvingella A.Z.*（长山虫—小伊尔文虫组合带）

该带对应于崮山组顶部及炒米店组底，化石主要赋存于泥晶灰岩、藻灰岩、鲕粒灰岩中。与其共生的有*Prochuangia*（原庄氏虫）、*Maladioidella*、*Lioparia*等，为江山阶底部的化石带。

⑱*Kaolishania R.Z.*（蒿里山虫延限带）

该带对应于炒米店组中下部，化石主要赋存于藻灰岩、鲕粒灰岩中。与*Kaolishania*共存的化石有*Taishania*（泰山虫）等，为江山阶的第二个化石带。

⑲*Tsinania - Ptychaspis A.Z.*（济南虫—褶盾虫组合带）

该带对应于炒米店组中下部，化石主要赋存于生物碎屑灰岩中。其顶界即为江山阶的顶界。

⑳*Changia-Calvinella A.Z.*（章氏虫—小卡尔文虫组合带）

该带对应于炒米店组的中上部，化石主要赋存于云斑灰岩、云斑泥晶灰岩、藻灰岩和鲕粒灰岩中。与*Changia*、*Calvinella*共存的化石有*Qudraticephalus*、*Saukia*等。

㉑*Mictosaukia R.Z.*（杂索克虫延限带）

该带对应于炒米店组的上部，化石主要赋存于虫迹灰岩、云斑灰岩中。与*Mictosaukia*共存的化石有*Saukia*等，该带之顶即为牛车河阶顶界。

（2）章丘朱家峪头足类化石产地。

该化石产地头足类化石主要为角石化石，角石化石是古无脊椎动物，具有坚硬外壳的头足纲动物的总称。该化石产地广泛出露马家沟群土峪组和五阳山组。主要岩性为深灰色中层泥晶灰岩，浅灰色中厚层角砾状灰岩和灰色薄板状泥质灰岩、深灰色中层细晶豹斑灰岩夹灰色薄板状泥灰岩、藻灰岩。在朱家峪景区西侧北山上，头足类化石富集，个体大，并与腹足类共生。角石数量较多，平均密度为2~5个/m^2；角石外壳呈圆锥形，壳面覆以显著的波状横纹，长0.5~20cm，角石化石成分主要为硅质灰岩，抗风化能力强，因此化石保存较完整。有种碎屑灰岩，当地人称为“菊花石”，很具特色，形似菊花，颇像笔石（图3-21和图3-22）。

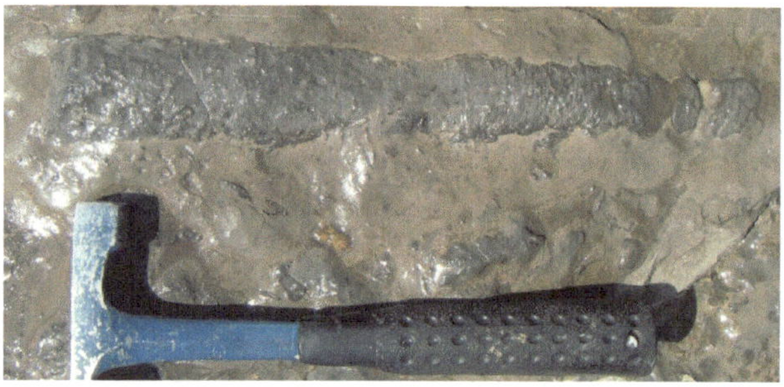

图3-21　朱家峪五阳山组头足类化石

图3-22　朱家峪五阳山组“菊花石”

（五）重要岩矿石产地类地质遗迹

研究区内矿产资源以金属矿产为主，主要为铁矿；非金属矿产主要有水泥灰岩、矿泉水、石材、黏土等。重要地质遗迹主要有历城卧牛山辉长岩、历城张马屯铁矿。

1. 历城卧牛山辉长岩

“济南青”是花岗石商品名，由辉长岩制成的花岗石，仅产于山东省济南市历城华山街道南北卧牛山—驴山一带。辉长岩主体岩性为济南序列无影山单元中粒含苏橄榄辉长岩，含少量中细粒橄榄苏长辉长岩、中粒含橄榄苏长辉长岩。由于抗压力强、表面平滑耐用，适用于建筑材料，曾经叱咤建材市场，价值颇高。从20世纪50年代起，卧牛山逐渐变成了一个大矿山，卧牛山和华山周边也出现不少“济南青”开采加工厂。1985年后，开采“济南青”进入鼎盛时期，总共有数百家开采加工“济南青”的工厂。2006年10月，卧牛山被列入禁采范围；2008年，随着卧牛山采矿权证陆续到期，当地开展集中关停矿山专项整治；2013年4月，卧牛山地质公园开始建设，将采石废弃地生态恢复与景观重建相结合，使破损废弃地变废为宝，得以重新利用。因地制宜，充分利用原有的残留山体、断崖、采石水坑、填埋平坦地、遗留碎石等现有场地资源，采取最小人为干预设计手段，设计出独具地质特色的园林景观，现在已建成集景观观赏、游览游憩、休闲健身、科普教育等功能于一体的地质公园（图3-23）。

图3-23 卧牛山残留山体航拍图

对研究鲁西地区白垩纪（燕山晚期）构造岩浆活动、大地构造格局具有重要意义，也具有较高的美学观赏价值和地学科普价值。

2. 历城张马屯铁矿

济南市铁矿资源较丰富，集中在市区的东部地区，地质工作程度较高，开发利用条件较好，济南铁矿也是鲁西三大铁矿成矿区之一。济南地区铁矿床以接触交代型（矽卡岩型）为主；铁矿体主要赋存于中生代燕山晚期中基性杂岩体与奥陶纪马家沟群碳酸盐岩的接触带上，其次是赋存于外接触带碳酸盐岩的夹层和内接触带的碳酸盐岩残留体和捕虏体中。接触（交代）变质作用与济南铁矿关系密切，是成矿的重要因素之一。济南市典型铁矿矿产地为张马屯铁矿。张马屯铁矿于1956年被发现，1988年建厂投产，现已停产。张马屯铁矿矿石中矿石矿物：主要为磁铁矿，其次为黄铁矿，微量黄铜矿、针铁矿，TFe含量为45%~55%，局部高达60%以上。矿石自然类型为磁铁矿，矿石工业类型属需选矿石。

3. 长清马山双泉木鱼石矿业遗址

长清木鱼石，因其具有类似木纹的纹理，也称木纹石。长清木鱼石赋存于寒武纪长清群馒头组地层，岩性为紫红色含粉砂质灰质细晶白云岩，粉晶—细晶结构，层状构造，但条纹或条带以及颜色在岩石中分布不均匀，质地坚硬；条带或条带不显著的致密块状矿石硬度比紫红色矿石偏低，莫氏硬度为5~6，岩石主要由白云石和方解石组成，少量石英、白云母、磁铁矿等矿物组成，矿层层位稳定、出露较广、远景储量较大。呈浅紫色或紫红色，岩石细腻，易于加工。选择色泽艳丽，纹理清晰者，可制作富有观赏性的观赏石，其古朴庄重，犹如红木雕刻作品；也可用于制作茶具、酒具及其他器皿产品，色泽古香古色，纹理清晰，别具韵味。长清区马山镇双泉村北为其典型出露地（图3–24）。

图3–24　长清木鱼石矿业遗址（马山镇双泉村）

4. 历城"柳埠红"花岗岩矿业遗址

"柳埠红"花岗岩矿业遗址出露处，为一废弃柳埠红石材矿，位于历城区柳埠镇。"柳埠红"花岗岩为新太古代晚期松山单元深肉红色片麻状中粒二长花岗岩，新鲜者呈深肉红色，中粒结构，花岗变晶结构，块状构造，主要矿物为钾长石、斜长石、石英、白云母及少量角闪石等。颜色鲜红，节理发育，颜色鲜红可推测在地壳长期演化过程中受钾化作用影响；节理发育较多，可推测在后期经历了多次强烈的地壳运动。

对研究鲁西地区古元古代地壳活动、大地构造格局具有重要意义，也具有较高的美学观赏价值和地学科普价值。

二、地貌景观大类地质遗迹

地貌景观是在成因上彼此相关的各种地表形态的组合，是构造运动、风化剥蚀等综合地质作用的产物。济南市地形条件复杂，地貌类型多样，中山、低山、丘陵、平原（山间平原、山前平原、黄河冲积平原）均有分布，由于各种类型地貌成因及其岩性组成各不相同，因而形成了多姿多彩具有重要研究价值的地貌景观。

经调查统计，济南市地貌景观大类地质遗迹有33处，岩土体地貌14处，占42%；水体地貌16处，占49%；火山地貌1处，占3%；构造地貌2处，占6%（图3-25，表3-3）。

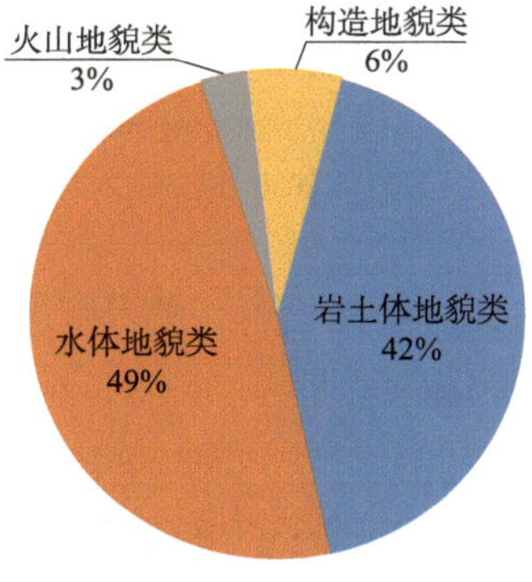

图3-25 济南市地貌景观大类地质遗迹分类饼图

表3–3　地貌景观大类地质遗迹简表

序号	遗迹名称	位置	地理坐标		等级	保护现状	利用现状
			经度/(°)	纬度/(°)			
1	长清五峰山碳酸盐岩地貌	长清区五峰山街道办事处五峰山风景区	116.4957	36.2657	省级以下	五峰山风景区	科研、科普、观光
2	历下千佛山碳酸盐岩地貌	千佛山风景名胜区	117.0143	36.3809	省级以下	千佛山风景区	科研、科普、观光
3	历城蟠龙山碳酸盐岩地貌	历城区济南蟠龙山省级地质公园	117.1427	36.3709	省级以下	山东历城蟠龙山省级地质公园	科研、科普、观光
4	历下佛峪碳酸盐岩地貌	历下区龙洞佛峪	117.1357	36.2760	省级以下	未保护	科研、科普、观光
5	历城波罗峪碳酸盐岩地貌	历城区仲宫镇东泉泸村	117.1357	36.2760	省级以下	未保护	科研、科普、观光
6	章丘垛庄二郎山岱崮地貌	章丘区垛庄镇团员沟村	117.1357	36.2760	省级以下	未保护	科研、科普、观光
7	长清张夏莲台山溶洞群	长清区张夏镇莲台山度假村	116.5627	36.2642	省级以下	莲台山度假村	科研、科普、观光
8	长清马山透明洞	长清区双泉镇马山风景区	116.4438	36.2202	省级以下	未保护	科研
9	历城仲宫子房洞	历城区仲宫镇东沟村	117.0306	36.2630	省级以下	子房洞风景区	科研、科普、观光
10	历城彩石空心山洞	历城区彩石镇虎门村	117.1830	36.3336	省级以下	未保护	科研、科普、观光
11	济南“齐烟九点”侵入岩地貌	天桥、历城区	117.0346	36.4339	省级	山东济南华山省级地质公园	科研、科普、观光
12	章丘百丈崖侵入岩地貌	章丘区垛庄镇田家庄村	117.2247	36.2945	省级以下	百丈崖水库	科研、观光
13	历城柳埠水帘峡	历城区柳埠镇簸箕掌村	117.1320	36.2458	省级	山东历城水帘峡省级地质公园	科研、科普、观光
14	平阴土林	平阴县玫瑰镇南台村	116.2030	36.1244	省级	未保护	科研、科普、观光
15	黄河(济南段)	天桥区泺口街道百里黄河风景区	116.5845	36.4310	国家级	济南百里黄河风景区	科研、科普、观光
16	玉符河景观带	历城、市中、槐荫、长清区	116.5610	36.3103	省级以下	玉符河湿地保护区	科研、科普、观光
17	小清河景观带	槐荫、天桥、历城、章丘区等	117.0101	36.4205	省级以下	济南五柳岛公园	科研、科普、观光
18	山东济西湿地	槐荫区玉清湖街道山东济西湿地	116.4806	36.3809	省级	山东济西湿地	科研、科普、观光

续表

序号	遗迹名称	位置	地理坐标		等级	保护现状	利用现状
			经度/（°）	纬度/（°）			
19	山东黄河玫瑰湖湿地	平阴县榆山街道	116.2452~116.2610	36.1659~36.1815	省级	山东黄河玫瑰湖湿地	科研、科普、观光
20	济南白云湖湿地	章丘区白云湖镇	117.1839~117.2424	36.4938~36.5326	国家级	济南白云湖湿地	科研、科普、观光
21	济南澄波湖湿地	济阳区济北街道办毛官庄村	117.0755~117.0845	36.5748~36.5905	省级	济南澄波湖湿地	科研、科普、观光
22	天桥鹊山龙湖湿地	天桥区大桥镇王家镇村	116.5752	36.4535	省级以下	天桥鹊山龙湖湿地	科研、科普、观光
23	章丘绣源河湿地	章丘区埠村镇	117.2719~117.2832	36.3911~36.4311	省级以下	章丘绣源河湿地	科研、科普、观光
24	济南上升泉泉群	历下区趵突泉街道办事处济南趵突泉泉群省级地质公园	117.0033	36.3937	世界级	济南趵突泉泉群省级地质公园	科研、科普、观光
25	章丘百脉泉泉群	山东省济南市章丘区明水街道办事处济南章丘百脉泉省级地质公园	117.3150	36.4307	省级	济南章丘百脉泉省级地质公园	科研、科普、观光
26	平阴洪范池泉群	平阴县洪范池镇	116.1709	36.0611	省级	洪范池风景区	科研、科普、观光
27	长清袈裟泉泉群	长清区万德镇、五峰山街道	116.5845	36.2142	省级以下	灵岩寺风景区	科研、科普、观光
28	历城涌泉泉群	历城区柳埠镇柳埠村	117.0721	36.2700	省级以下	四门塔风景区等	科研、科普、观光
29	历城玉河泉泉群	历城区彩石镇玉河泉村	117.1730	36.3302	省级以下	未保护	科研
30	历城白泉泉群	历城区鲍山街道办事处纸坊村	117.0948	36.4504	省级以下	未保护	科研
31	章丘长白山火山地貌	章丘区普集镇三山峪村	117.3814	36.4702	省级以下	未保护	科研、观光
32	长清灵岩山一线天	长清区万德镇灵岩寺	116.5909	36.2155	省级以下	灵岩寺风景区	科研、科普、观光
33	历城藏龙涧峡谷地貌	历下区龙洞街道龙洞村	117.0547~117.0554	36.3611~36.3619	省级以下	龙洞风景区	科研、观光

（一）岩土体地貌类地质遗迹

区内岩土体地貌类地质遗迹主要分为碳酸盐岩地貌（岩溶地貌）、侵入岩地貌、变质岩地貌和黄土地貌4个亚类，济南市该类共有重要地质遗迹14处，其中碳酸盐岩地貌（岩溶地貌）亚类有10处，侵入岩地貌亚类有2处，变质岩地貌亚类有1处，黄土地貌亚类有1处。

1. 碳酸盐岩地貌（岩溶地貌）

济南市中南部低山丘陵区出露大量的寒武—奥陶纪石灰岩、白云质灰岩、白云岩。区内岩石地貌景观主要为喀斯特地貌景观，为典型北方半干旱喀斯特类型，宏观上以溶蚀—侵蚀形成的石灰岩低山丘陵和喀斯特谷地的组合为主。选择典型碳酸盐岩地貌亚类地质遗迹，介绍如下。

（1）历城蟠龙山。

区内的石灰岩山地尽管不具有南方峰林、峰丛的那种典型形态，但受所在地区构造抬升、侵蚀切割以及山体岩层构成等因素影响，往往显现出构造地貌的明显特征，主要表现为长垣状山体、“崮”、灰岩残丘三种形式，区内典型喀斯特山体主要有千佛山、蟠龙山、五峰山等。

蟠龙山是区内一典型的长垣状山体，海拔在400m以上，相对高度300m以上。山体中下部坡较缓，上部则为数十米乃至百余米的悬崖绝壁，两侧绝壁夹持之狭窄山脊绵亘起伏、宛如巨大长垣，在局部侵蚀强烈处，山顶的残峰还可呈现堡状、屏状、单柱或多柱峰等形态。此种山形与太行山中南部的嶂石岩地貌相近，但其岩层构成和形态表现与典型嶂石岩地貌相比简单些。山体中、下部缓坡多由下寒武统的页岩、砂页岩及薄层灰岩构成；上部陡崖则是由质纯层厚的坚硬石灰岩构成。此种地貌的美学特色主要体现在山势的雄伟，山顶长垣的挺拔险峻。作为一种中尺度地貌形态，此类山体常构成景区的格架，展现出一种具有强烈视觉冲击的宏观、远观的景观效果（图3-26）。

其内柱状巨石——“定海神针”是崩塌残留体，其高大雄伟、直立挺拔，耸立于群山松涛之中，是不可多得的地质遗迹资源。地层为奥陶纪马家沟群北庵庄组灰岩类，其高近百米，上下近似直立，巨石表面坚硬完整具有凸凹不平糙面。巨石远离周围山体基岩，其形状与最近处西侧的山体基岩相似。该柱状石棱角明显，边棱大致呈直线状。巨岩柱体南北延展方向发育有两条近似平行、垂直裂隙，北侧第一条裂隙已穿透柱体巨石，其裂隙最宽处为30~50cm，体积小者能从裂隙中穿过；最窄处为10~20cm不等。顶部生长有年代久远的松树及杂木丛，在松涛的簇拥之上，其独特的雄姿使人肃然起敬（图3-27）。

图3-26 历城蟠龙山石长城

图3-27 蟠龙山定海神针

（2）历城蟠龙洞。

溶洞（群）是在一定的地层、构造和水文地质条件下，物理化学综合作用的产物。区内寒武—奥陶纪石灰岩地层发育，具有形成喀斯特洞（群）的有利条件。区内溶洞以水平状洞穴占优势，竖向洞穴为数较少，洞体延伸以单通道为主；洞穴横断面形态变化较大，常见的有三角形、扁平形、椭圆形、矩形等；

在洞穴的进水口附近波状流痕较发育，数量众多，形态明显，窝穴类广泛见于洞穴的顶板和洞壁；洞穴中碎屑堆积物较多，化学沉积物较少。区内发育溶洞多处，较大溶洞主要有历城港沟蟠龙洞、长清张夏莲台山溶洞群、历城仲宫子房洞、历城彩石空心山洞、长清区马山镇透明洞等。碳酸盐岩喀斯特溶洞，对于研究地层、断裂构造、新构造运动及地下水动态，预防与溶洞相关的地面塌陷和山体崩塌等地质灾害，都有重要的科研价值。

历城港沟蟠龙洞位于济南市历城区港沟镇蟠龙村东1500m处。洞口位于蟠龙山南侧山谷近顶部处，纵深约2000m，宽1.2~26m，高1.2~13m，洞口标高为340m。山体由奥陶纪马家沟群北庵庄组厚层灰岩构成，地层倾向45°，倾角10°左右。洞体顺岩石主节理裂隙方向发育，向NW方向微倾延伸，无分支，为一个典型的单通道水平廊道式洞穴（图3-28和图3-29）。洞体实测长度468m（未终测），大部分洞段宽3~6m，高2~6m，进深300多米处变为一个宽26m、高13m的洞厅，向里缩窄，通道宽近1.2m。洞穴的展布方向明显受裂隙控制，几处洞段呈直角转折。洞内溶蚀现象发育，发育有形状各异的岩溶地貌景观，如溶锥、溶槽、溶珊瑚、石钟乳、石笋、石花、石柱、石幔、石瀑等琳琅满目，洞中的石钟乳等次生化学沉积物形成于距今20万~30万年之间，洞内局部岩层也发现有泥裂岩层面构造。

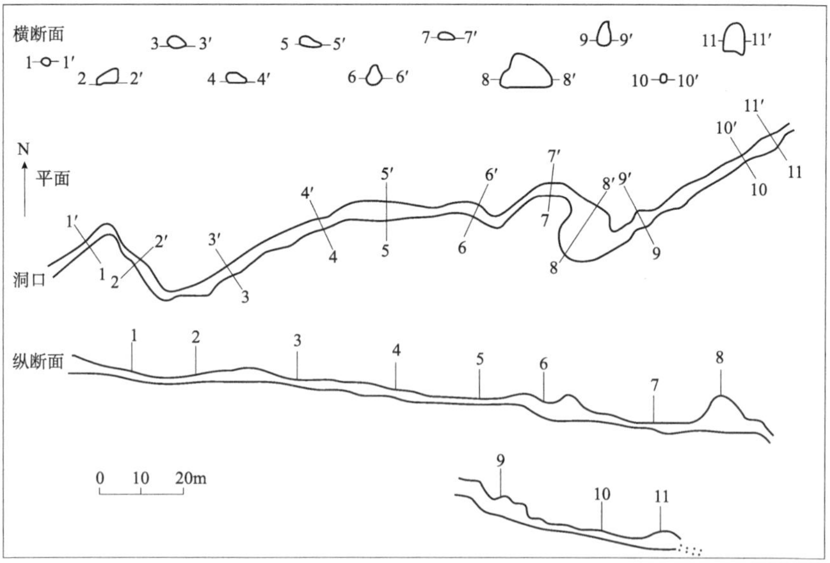

图3-28 济南市港沟蟠龙洞形态图（引自1：5万兴隆幅区域地质调查报告）

图3-29　历城港沟蟠龙洞

（3）历下佛峪。

济南市喀斯特谷地主要指山谷，是山地河流、沟谷系统的最上部或末端。处在侵蚀切割强烈的低山区中部的谷地多呈峡谷或嶂谷形态，地处山地边缘的山谷则宽浅许多。

姚家镇龙洞庄南佛峪，是一条长约2km、相对高度可达290m左右的深切谷地，谷地宽不足200m，局部呈嶂谷形态，谷底溪流潺潺；两侧为数十米高的峭壁悬崖，山峰则由寒武系灰岩构成，峥嵘奇峭，最高海拔586m；崖壁上发育数个溶洞；峪内“般若寺”旧址，佛殿西有露华泉悬于峭壁，峭壁上还存有完好的隋朝开皇以来造像，峭壁上刻有“岩阿仙境”“别有天”等大字，般若寺东侧有钓鱼台，峭拔突兀，台上有听涛亭，亭北盾形地有三级瀑布跌入潭中；此崖下，“林汲泉”发育在炒米店组薄层灰岩底部，为构造裂隙泉，置身听涛亭内，可览白云绿海，观瀑听涛；谷中林密草茂，景色随季节变化，其中秋天的“佛峪红叶”是著名的济南历城八景之一（图3-30）。佛峪现已是济南近郊的一处著名自然风景区。佛峪于1975年被列为文物保护单位，1979年被济南市政府列为自然保护区，现由驻军管理。

图3-30 历下佛峪

（4）章丘垛庄二郎山岱崮地貌。

崮是山东独有的一种特异地貌景观，2007年被中国地理学会依据山东省临沂市蒙阴县岱崮镇全国最集中的崮形地貌现象，命名为“岱崮地貌”，并列为中国第五大岩石造型地貌。作为我国岩石地貌的新宠，岱崮地貌景观的特征是山峰顶部平展开阔，峰巅周围峭壁如刀削斧劈，峭壁以下则为逐渐平缓的山坡，以顶平、陡峭的柱形山体为特征。在地貌学上属于地貌形态中的桌形山或方形山，因而也被称为“方山地貌”。

岱崮地貌在济南市也有分布，比如世界第三名山——馒头山、馍馍顶、垛庄二郎山等。二郎山为济南市典型的岱崮地貌，主要由大寨（海拔841m）和小寨（海拔786m）两座崮形山峰组成。两座山峰顶部平展开阔如平原，峰巅周围峭壁如刀削，峭壁以下是逐渐平缓的山坡。山体上部陡崖由寒武系九龙群张夏组质纯层厚的坚硬石灰岩构成；中部平缓山坡由寒武系长清群馒头组页岩、砂页岩及薄层灰岩和长清群朱砂洞组含燧石结核白云岩及灰质白云岩构成；山体底部出露的主要是新太古代新甫山序列上港单元片麻状中粒奥长花岗岩（图3-31）。记录了七星台地区的古地理、古气候、古生物、古构造等多方面的地质信息，对于研究济南南部地层、新构造运动等有重要的科研价值，具有很高的美学观赏价值，是地学科普的良好场所。

图3-31 章丘垛庄二郎山岱崮地貌

2. 侵入岩地貌

济南市侵入岩分布较广，造就了多处风景名胜区与风光卓绝的侵入岩地貌景观。具有科学与美学价值的侵入岩地貌遗迹主要有历城华山、章丘百丈崖。

（1）历城华山。

华山，又名华不注，位于济南东北郊，背靠黄河，紧邻济青高速公路，海拔197m，一峰独立，平地拔起，旁无连附，直入云霄，为济南胜景“齐烟九点”诸山之首。华山山体形成于164Ma~276Ma，由斑状闪长岩、辉石闪长岩等组成。由于原岩的形态和成岩后上亿年的地壳变动、构造切割及风化剥蚀和雕琢而形成了现今独特的花岗岩地貌。其险、绝、独、最、奇、幽、灵及秀无不让人感叹大自然的神奇造化。“单椒秀泽，不连丘陵以自高；虎牙桀立，孤峰特拔以刺天。青崖翠发，望同点黛”是其真实写照（图3-32）。

（2）章丘垛庄百丈崖。

章丘垛庄百丈崖为大面积出露的25.16亿年前形成的新太古代晚期傲徕山序列松山单元中粒二长花岗岩形成的侵入岩地貌，岩体内部较均匀，基本不含早期变质地层和岩体包体，颜色多为灰白色—浅肉红色，中粒结构、含斑结构，块状构造。岩石节理裂隙较发育，表面风化较严重。山水相映，绿波荡漾，长长的栈桥尽头，一方小亭静静地立在水中，与远处缤纷的山峰和阔远的天空相映，淳朴中蕴几分妖娆雅致，柔美中蕴涵几分庄严神圣（图3-33）。莲华山胜水禅寺景区是一处佛教名山，因从空中俯瞰状如莲花而得名。百丈崖与莲华山胜水禅寺所在地莲华山遥相呼应，浑然一体，故名“百丈莲华”，是济南景区游览的好去处。对研究新太古代侵入岩形成及演化具有重要意义，具有地质工作野外观察、地质科学研究和美学观赏价值。

图3-32　历城华山

图3-33　章丘垛庄百丈崖

3. 变质岩地貌

济南市典型的变质岩地貌亚类地质遗迹为历城柳埠水帘峡。水帘峡位于济南历城区柳埠南部簸箕掌村南。这里群山环绕，济南第一高峰，海拔975.8m的梯子山和第一大峡谷九十九峡皆坐落于此。高山深峡成就了泉城第一大瀑布群，奇石天然形成造就了济南唯一泰山石画园。新太古代泰山岩群是本地区的最古老结晶基底，岩性为斜长角闪岩、斜长角闪片岩、黑云变粒岩等。含雁翎关组斜长角闪片岩、透闪阳起片岩等；山草峪组黑云变粒岩夹磁铁石英岩及柳杭组斜长角闪岩和二云变粒岩。泰山杂岩条带状斜长角闪岩大面积出露于梯子山一带。强烈的切割作用形成雄伟秀丽、多姿多态的梯子山峰。

水帘峡主体岩石为新太古代片麻状奥长花岗岩和斜长角闪岩，其中奥长花岗岩为山东省最典型的新太古代片麻状奥长花岗岩，也是省内出露面积最大的新太古代奥长花岗岩岩体，其形成年龄为（2623±9）Ma（即距今26.23亿年），奥长花岗岩有较多的斜长角闪岩、角闪石岩包体，角闪石岩形成年龄为26.78亿年（图3-34）。奇石景观主要是指灰绿色的斜长角闪岩、角闪石岩被浅色奥长花岗岩等长英质脉穿插形成的。公园内奇石景观众多，有条带状、团块状，还有不规则形状，千姿百态。如猛龙回头石、猛虎上山石、雄狮伏猎、神龟驮经、彩凤飞天、老子讲经、齐天大圣孙悟空等均形成颇具特色的奇石景观，精妙绝伦之奇，乃鬼斧神工，天之造化。在景区奇石馆陈列着“十二生肖”、“26英文字母石”、数十只“石鞋”等数百件精品奇石，惟妙惟肖，堪称一绝。

图3-34　条带状斜长角闪岩与片麻状奥长花岗岩

4. 黄土地貌

平阴土林位于玫瑰镇南台村西部和孔村镇石板台村西部，均分布长约1000m，宽约300m的低洼地块中，土林上部为以灰黄色、棕黄色黏土、粉砂质黏土为主，夹细砂、粉砂及砾石层透镜体的大站组地层，下部为以深红、棕红色黏土、砂质黏土为主夹砂砾层的羊栏河组地层，层理不发育、常发育垂直节理或裂隙。土林沿冲沟发育，形态多以屏风状、帘状、柱状为主，局部形成片状的土墙，土柱高低不一，错落有致，一般高度在5~15m之间（图3-35）。大自然的鬼斧神工，让平庸的大地，变成奇崛的山峰，千峰林立，刀劈斧削，突兀峥嵘，千姿百态，蔚为壮观。这是天造的奇观，地设的丽景。它虽为黄土，却有着岩石的肌理；形似沟壑，却有着喀斯特的特征；虽是平阴的土林，却有着云南石林的万种风情。堪称罕见的奇特黄土地貌景观。随着四季环境变化土林也有着不同的景色，现已成为美院师生、画家、摄影家的创作基地。因年代久远，风蚀雨淋，逐渐坍塌，土林越来越少。

该地是地质学、构造学等地质科学科研的较有利的地区，也是进行地学科普教育的极好基地。其面积之广大，保存之完好，发育之典型，年代之古老，造型之独特，类型之齐全，足以让平阴土林成为同类地貌之翘楚，为省内仅有。

图3-35　平阴土林（平阴石板台村）

（二）水体地貌类地质遗迹

区内水体地貌类地质遗迹主要分为泉、河流（景观带）、湿地—沼泽等3个亚类，济南市该类共有重要地质遗迹16处，其中泉亚类有7处，河流（景观带）亚类有3处，湿地—沼泽亚类有6处。

1. 泉

泉水是济南的灵魂，十大泉群和七十二名泉成为济南的标签，也是济南最典型的水体地貌遗迹和旅游资源。济南泉水数量之多在中国城市之中可谓罕见，在济南市辖区范围内共有泉水808处，其中，明府城及周边有151处，老城区外围及历城区320处，长清区113处，章丘区180处，平阴县44处。泉水汇集成为河流、湖泊的源头。盛水时节，在泉涌密集区，呈现出“家家泉水，户户垂杨”的绮丽风光。2013年8月26日，济南市泉水节促进委员会办公室正式向社会公布了济南“十大泉水景观”，“七十二名泉”好似珍珠般洒落在这“十大泉群”之中（图3-36）。济南市泉亚类地质遗迹主要有济南上升泉泉群、长清袈裟泉泉群、平阴洪范池泉群、历城白泉泉群、历城涌泉泉群、历城玉河泉泉群，其中济南上升泉泉群最为典型，为世界级地质遗迹。

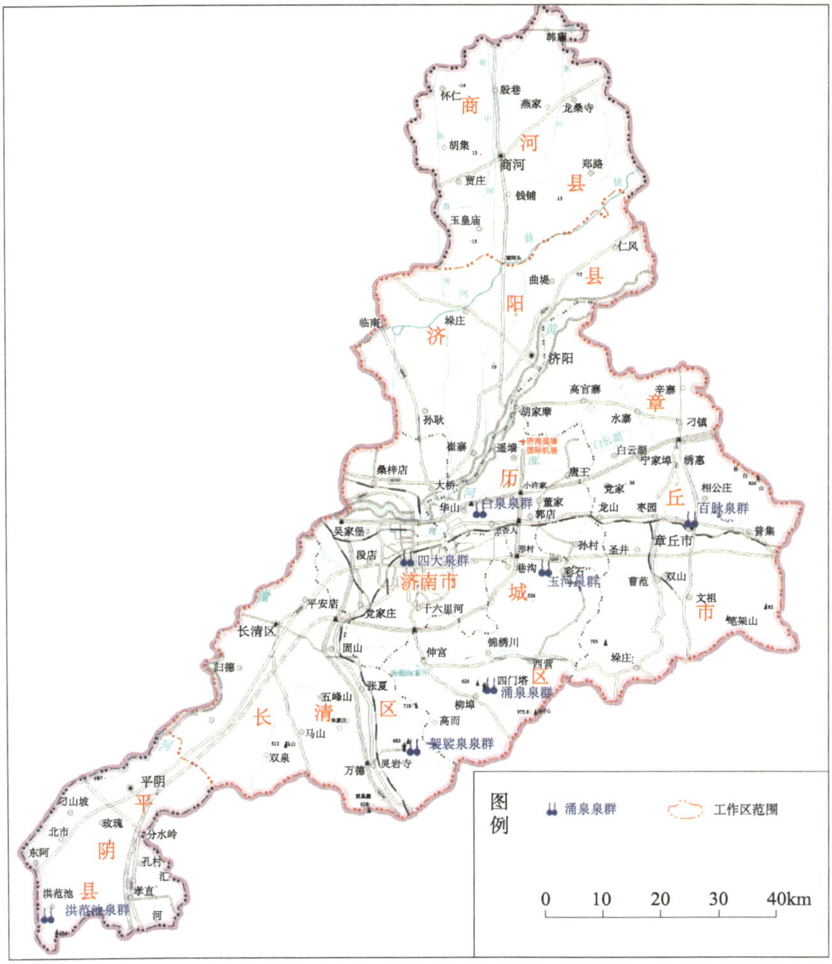

图3-36 济南市十大泉群分布图

济南上升泉泉群包含四大泉群（趵突泉泉群、黑虎泉泉群、珍珠泉泉群、五龙潭泉群）和大明湖。济南上升泉泉群为我国乃至世界罕见的大型岩溶泉群，地质遗迹丰富，具有极高的资源利用、地质旅游和地学科研价值。

泉城济南自古就有“齐名甘泉，甲于天下”之美誉，以泉眼众多、集中，泉水流量大而著名。在济南老城区范围内有泉水108处，其中列入七十二名泉的有43处，分别位于趵突泉泉群、黑虎泉泉群、珍珠泉泉群、五龙潭泉群四大泉群之中（图3–37），东起青龙桥，西到筐市街，南自正觉寺街，北至大明湖，总面积约2.6km^2。根据泉水分布特征和泉水出露情况，划分为四大泉群。岩溶地下水自南部山区接受大气降水入渗补给后，由南向北径流，至市区北部受到中生代侵入岩阻挡，遂承压回流，沿构造裂隙上涌出露地表，形成泉群。济南名泉千姿百态，有的趵突腾空，有的虎啸龙吟，有的珍珠串串，有的潭深莫测……泉水水质甘洌，水温常年保持在18℃，含有多种人体所需要的微量元素和宏量元素，正常年份日喷量达20 × 10^{4}m^3。泉水沿护城河流入大明湖再汇入小清河。泉域内泉水总流量，正常年份（30~40）× 10^{4}m^3/d，有观测记录以来，最大流量出现在1962年，达50.2 × 10^{4}m^3/d。

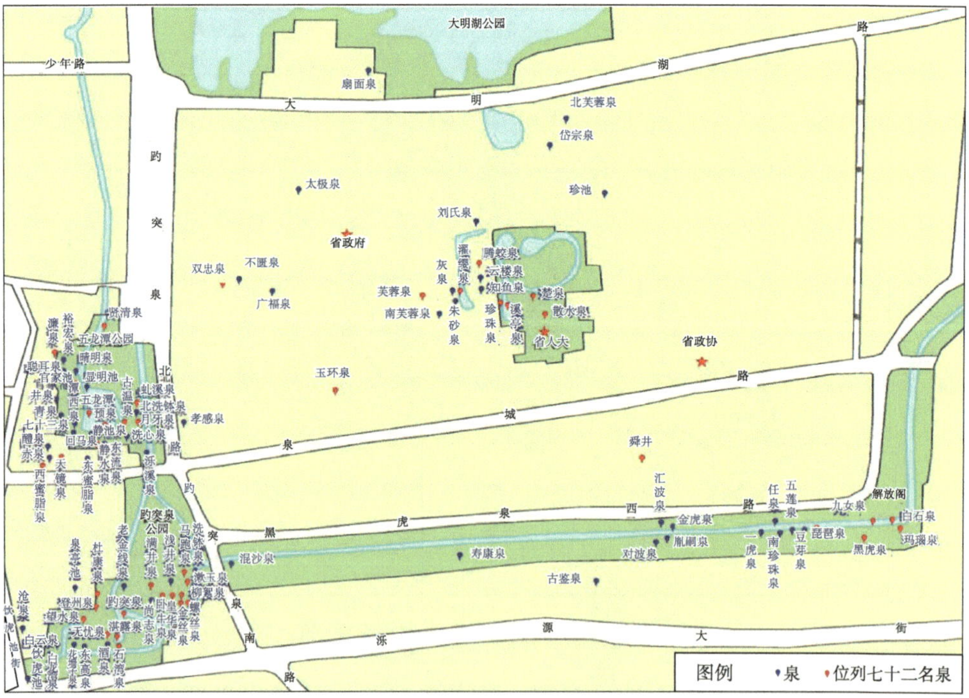

图3–37　四大泉群泉点分布图

趵突泉泉群

趵突泉泉群，位于旧城区西南部，趵突泉南路以西、顺坤桥以南，包括趵突泉公园及其附近地区。在约0.17km^2的区域内，集中分布着泉点31处，其中28处集中分布在趵突泉公园内，其余的分布在公园以西、以北的街巷中。趵突泉、金线泉、皇华泉、柳絮泉、卧牛泉、漱玉泉、马跑泉、无忧泉、石湾泉、湛露泉、满井泉、登州泉、杜康泉、望水泉，这14处泉在新评出的七十二名泉之列；其他泉还有老金线泉、浅井泉、洗钵泉、混沙泉、酒泉、东高泉、螺丝泉、尚志泉、沧泉、花墙子泉、白云泉、泉亭池、白龙湾泉、饮虎池等。大部分泉水于趵突泉公园东部和北部流出，汇入西护城河。正常年份该泉群日喷涌量为$10.45 \times 10^4 m^3$。

趵突泉涌水量为其泉群之冠，是泺水之源，盈于池内，池长30m，宽18m，深2.2m，“三窟”并发，泉源上奋，水涌若轮，称“趵突腾空”，趵突泉记载最早见于《春秋》，北魏时称“娥姜（英）水”，宋时称“趵突泉”“槛泉”，金代又叫爆流泉，明末前标为济南八景之一。清朝乾隆下江南时驻足济南品尝趵突泉泉水，泉水甘甜爽口，遂封趵突泉为“天下第一泉”。趵突泉泉水清澈透明，水质好，含有多种对人体有益的微量元素，可与矿泉水媲美（图3-38）。

图3-38 趵突泉

黑虎泉泉群

黑虎泉泉群，位于旧城东南隅，南护城河东段。东起解放阁，西至泉城广场中段，长1000余米。沿南护城河岸边或河中，共有泉池16处，其中黑虎泉、琵琶泉、玛瑙泉、白石泉、九女泉5处属于新评出的七十二名泉之列；其他泉还有金虎泉、南珍珠泉、豆芽泉、五莲泉、任泉、胤嗣泉、汇波泉、对波泉、一虎泉、古鉴泉、寿康泉。该泉群绝大多数泉处于护城河两侧或河中，泉水直接流入南护城河。泉群平均日流量$7.12 \times 10^4 m^3$，最大$16.02 \times 10^4 m^3$。

黑虎泉为其泉群流量之最，发育在护城河南岸陡壁下的石窟砾岩中，向北通过暗渠，由三兽头口喷注方池内，形成瀑布，取“口内悬河”之意，池水清澈，然后泄入护城河。黑虎泉的名字始见于金代《名泉牌》，泉水出露一石窟，涌水湍击巨石，酷似虎啸，因此称黑虎泉，明朝晏壁咏诗描述泉的壮观景象：“石蟠水府色茫茫，深处浑如黑虎藏，半夜朔风吹石裂，一声清啸日无光”（图3-39）。

图3-39 黑虎泉

五龙潭泉群

五龙潭泉群位于泺源桥以北，西护城河以西，与趵突泉公园隔街相对。有泉28处，其中五龙潭、古温泉、贤清泉、天镜泉、月牙泉、西蜜脂泉、官家池、回马泉、虬溪泉、玉泉、濂泉等11处属于新评出的七十二名泉之列；其他泉还有东蜜脂泉、洗心泉、静水泉、净池泉、东流泉、北洗钵泉、泺溪泉、潭西泉、七十三泉、青泉、井泉、睛明泉、显明池、裕宏泉、聪耳泉、赤泉、醴泉。五龙潭泉群的泉水直接流入西护城河。泉群平均日流量$1.39 \times 10^4 m^3$，最大$3.14 \times 10^4 m^3$，泉水汇入护城河，向北注入小清河。

五龙潭泉即“灰湾泉”，池长70m，宽35m，水深4m，久旱不涸。五龙潭是由灰岩塌陷形成深潭，昔日潭深莫测（图3–40）。北魏时五龙潭水面很大，为大明湖的一部分，称为“净池”，宋代称“四望湖”，元代仅剩泉池及纵横的溪流。相传古时每遇天旱，在此祷雨必应，故之建小庙，供奉五方龙神，因此称“五龙潭”，现辟为公园。1965年对“五龙潭”疏浚，四周以自然石及条石驳岸，岸上植柳，配以青松翠竹，幽静典雅。

图3–40 五龙潭

珍珠泉泉群

珍珠泉泉群处于济南明府城内，分布范围东至县西巷，西至太平寺街、西城墙根街，南到舜井街、泉城路，北至大明湖南岸。属于该泉群范围内的泉水共计74处，其中珍珠泉、散水泉、溪亭泉、濋泉、濯缨泉、玉环泉、芙蓉泉、舜井、腾蛟泉、双忠泉等10处属于新评出的七十二名泉之列；其他泉还有感应井泉、灰泉、知鱼泉、云楼泉、刘氏泉、朱砂泉、不匮泉、广福泉、扇面泉、孝感泉、太极泉等。泉池相对集中在两个片区：省人大机关大院（珍珠泉大院）及其附近的曲水亭街、王府池子街、西更道街、芙蓉街、院前街、舜井街等街巷中，泉群的主泉——珍珠泉等7处泉就在珍珠泉大院中，在大院附近街巷中的濯缨泉、腾蛟泉、王府池泉、芙蓉泉、舜井等；省政府大院以西至太平寺街—西城墙根街一带的街巷中，有位列新评出的七十二名泉之列的双忠泉、玉环泉，以及不属新七十二名泉的不匮泉、广福泉和众多的无名泉等。珍珠泉等诸泉汇流成溪，注入濯缨湖、百花洲，最后汇入大明湖。泉群平均日流量$1.26\times10^4m^3$，最大$1.98\times10^4m^3$。泉水汇入大明湖，为大明湖主要水源。

1980年对珍珠泉修整，用石块砌池，南北长45m，东西宽11m，四周饰以汉白玉栏杆，池内蓄有红黑鲤鱼，中立汉白玉石碑，南建水榭探入水中，水清澈见底，池中泉眼众多，涌出水泡串串，参差错落，日光相映，如同珠玑（图3-41）。

图3-41　珍珠泉

大明湖位于济南市中心偏东北处，旧城北部，东临历山街、南至明湖路，北、西两面环护城河，是济南三大名胜之一，为一天然湖泊，湖水来源于城内珍珠泉、濯缨泉、芙蓉泉、王府池泉等诸泉，水质清冽，天光云影，游鱼可见。大明湖所在地形部位是济南市区最低洼的地带，海拔21~22m。湖体呈东西不规则长方形，东西长1.62km，南北宽0.56km，湖周长约4.3km，湖面面积$58\times10^4m^2$，平均水深3m，最深处约4m，平槽湖水蓄容量$83\times10^4m^3$，一般调蓄水量为$32\times10^4m^3$。大明湖的水源主要来自老城区的珍珠泉、芙蓉泉、王府池泉、濯缨泉等诸泉水及部分城区排水，正所谓众泉汇流，潴水成湖，为典型的以泉水为源的城中之湖。通过湖北部的北水门，大明湖与北护城河、泺河及小清河相连接起来。湖底地质基础为20m左右的第四系黏土层，其下为不透水的岩浆岩侵入体（济南辉长岩体）。由于其良好的地质地形条件、水源条件及排水系统，使大明湖具有“淫雨不涨，久旱不涸”的特点。每年流入小清河的水资源量约5475×10^4m^3。大明湖总氮含量超过国家地表水环境质量Ⅳ类标准，水质呈轻度富营养状态。

由于大明湖源头水温常年不变，产生“蛇不见、蛙不鸣”的独有的现象。“四面荷花三面柳，一城山色半城湖”是大明湖景色的写照（图3-42）。

图3-42 济南大明湖

百脉泉泉群

百脉泉泉群位于章丘区明水街道龙泉寺南侧，是济南地区东部最大的一个泉群，由20处名泉和众多无名泉组成，其中，百脉泉、东麻湾、墨泉、梅花泉、西麻湾、净明泉等6处属于新评出的七十二名泉；其他名泉还有漱玉泉、龙湾泉、金镜泉、灵秀泉、荷花泉、眼明泉、大龙眼泉、小龙眼泉、饭汤泉、筛子底泉、鱼乐泉、卸甲池、盘泉、白泉等。“百脉寒泉珍珠滚”；明净泉其泉至浩，纤尘不染；墨泉泉水黝深，水色苍苍如墨，声如雷鸣，雪涛飞溅；梅花泉泉水五峰直上，如盛开的花瓣，中心花蕊涌动；眼明泉水花四散，蔚为壮观；漱玉泉泉喷水花色白如玉；龙湾泉泉涌如水满四溢，漪漪轻散，水纹波折；金镜泉泉水声若雷鸣，波光粼粼，水面如镜；龙泉一泉突兀，烟波荡漾，清澈净明；荷花泉泉水自然喷涌，漫溢外流；筛子泉泉眼密密麻麻，泉水汩汩，珠涌浮翠；万泉湖湖内群泉密布，以泉水自然喷涌成湖而著称；西麻湾河底簇簇水泡缓缓升起如玉花（图3-43和图3-44）。

图3-43　百脉泉

图3-44　墨泉

明水泉泉群平均流量为$30\times10^4m^3/d$，其中西麻湾最大流量$11.2\times10^4m^3/d$（1979年）。东、西麻湾、百脉泉为绣江之源，春日冰雪消融，流水淙淙，岸边杨柳垂丝，桃李春色，堪称江南景色。

1986年兴建了百脉泉公园，修建的百脉泉湖、湖水面辽阔、湖心桥曲折连两岸，湖边垂柳青青，夕阳晚霞，微风轻飘，湖光倒影，景色迷人。园内有历史上著名泉区，还建有北宋著名女词人李清照纪念馆，园内烟柳溪桥，群泉鼎沸，画亭奇阁、风景旖旎。明水泉泉群其水文地质条件清楚，泉群一带，自然环境好，风光秀丽，奇特壮观。百脉泉泉群，补给区地跨淄博、章丘两地，称“明水泉泉域”。其性质与趵突泉泉域完全相同，都是奥陶系岩溶大泉。

白泉泉群

白泉泉群位于历城区鲍山街道办事处纸房村北，过去有白泉、冷泉、华泉、饮马泉、花泉、草泉、麻泉、团泉、惠泉、漫泉、漂泉、灰泉、葫芦泉、柳叶泉等泉眼20余处，泉水资源丰富，其中，列入七十二名泉的有6处。盛涌时期，白泉是一大片水湾，泉水喷涌的样子和珍珠泉类似。白泉在金、明、清三代均被列入七十二名泉，并入选新七十二名泉，20世纪70年代停喷后，被掩埋在厂房下面。根据《济南市名泉保护总体规划（2023—2035年）（草案）》，白泉泉群计划以彰显“鹊华烟雨”“鱼米之乡”生态人文特色，打造休闲、生态、功能复合的白泉泉水风貌区。

涌泉泉群

涌泉泉群位于历城区柳埠、锦绣川、西营、仲宫、高而等乡镇，共有泉池126处，其中涌泉、苦苣泉、避暑泉、突泉、大泉、圣水泉6处列七十二名泉。涌泉位于四门塔西，白虎泉之阳的涌泉庵遗址东侧。崇祯、乾隆《历城县志》有载，称：“在神通寺西，瀑飞布悬，流入锦阳川”，清《七十二泉记》称其为“涌腾泉”。

玉河泉泉群

玉河泉泉群位于历城区彩石、港沟镇一带，共有玉河泉、淌豆泉、玉漏泉、东流泉、老玉河泉、响呼噜泉、东泉、黄路泉、猪拱泉、虎门泉、忠泉、响泉、黄歇泉、卢井泉、义和泉、黑虎泉等泉池68处，其中，列入七十二名泉的有4处。该泉群中玉河泉最有名，是巨野河源头，共有八处泉眼组成，原名榆科泉，早在郦道元所著的《水经注》中就有记载“泉水自百米岩层之下，甘甜醇厚，酷似圣水也”。

袈裟泉泉群

袈裟泉泉群：位于长清区五峰山、张夏、万德镇一带，共有袈裟泉、卓锡泉、清泠泉、檀抱泉、晓露泉、滴水泉、甘露泉、双鹤泉、白鹤泉、双泉、王家泉、长寿泉、卧龙泉、段家泉、白虎泉、润玉泉、玉珠泉、青龙泉、胜天泉、马山泉等泉池44处。其中袈裟泉、檀抱泉、卓锡泉、清泠泉4处列入新七十二名泉。该泉群中袈裟泉最有名，位于灵岩寺，又称“印泉”“独孤泉”，泉源旺盛，水质甘美（图3-45）。

图3-45 袈裟泉

洪范池泉群

洪范池泉群位于平阴县洪范池镇南，有洪范池、书院泉、扈泉、日月泉、姜女池、天池泉、墨池泉、天乳泉、白雁泉、拔箭泉、莲花池、丁泉、狼泉、长沟泉、白沙泉等泉池15处。其中洪范池、书院泉、日月泉、扈泉4处列入七十二名泉。这一带山泉环抱，环境清雅、幽静，冬暖夏凉，山村水廓，小桥流水，乃避暑佳境。

洪范池又名“龙池”，在洪范池泉群中，最为著名。池名源于《尚书·洪范》，取其洪水就范之意。据池前清道光十八年（1838年）《重修洪范池碑记》载：金完颜时，龙池呈正方形，四周石砌。边长各7m，水深约6m，清澈见底。池底及四壁散泉缓缓浸溢，日涌量约1000m^3，水自池壁南侧的石雕龙口中涌出，跌入一2m见方的小池中，绕池一周后汇入狼溪河。泉水流经的地方叫月河，河上有月河桥。

洪范池奇特之处有二：一是“洪范浮金”，为古东阿八大景之一。游人掷硬币于池中，上涌的泉水使硬币飘摇旋转而不沉下，日照其上，金光闪闪，呈现出浮光耀金之奇观。明代嘉靖进士何海晏有《洪范浮金》一首，“方池十丈水之浔，洪范锡名称到今，戏掷一钱清澈底，随波荡漾似浮金”。二是“不以旱涝而消长”，即旱涝如一，水位不受旱涝的影响，始终如此；“不以冬夏而变温”，即长年如一，池水是恒温，长年17℃，所以冬温夏凉。

龙池里的水从南面的一青石龙头中流出，水质优良，含有锶、锂、锗、偏硅酸等20多种人体必需的微量元素喷珠泄玉，跌进一2米见方的石砌水池中。水池两侧，各有石狮半蹲。西侧立清康熙十年（1664年）杨士元诗刻。泉水绕匝池一周，流出小院，注入高地下的狼溪河（图3-46）。池北虹桥卧波，桥北为“龙祠”，金末尚书右丞、行山东省事、东平路兵马都总管侯挚创建。龙祠坐北朝南，硬山起脊，棕红柱，小青瓦，卷棚式抱厦，饰以吻兽。祠前两侧，各有距今850多年的金代古柏一株，东名“珍珠翠”，西名“龙柏”，虬盘鳞结，枝叶繁茂。洪范池，不仅可以饮用，而且能灌溉良田数百亩。著称于世的“阿胶”，也用此水浸皮熬制而成。

图3-46 洪范池

2. 河流（景观带）

济南市地表水系发育，主要包括黄河、小清河、海河三大水系。河流（景观带）亚类地质遗迹主要有黄河、小清河、玉符河。现选择黄河（济南段）介绍如下。

济南境内黄河现行河道，自平阴县东阿镇后姜沟进入济南，沿市境逶迤东北，流经平阴县、长清区、槐荫区、天桥区、历城区、章丘区，于济阳区仁风镇老桑家渡出境。境内总长183.35km，流域面积1973.2km^2。泺口水文站多年平均径流量435×10^8m^3，多年平均流量1387m^3/s，多年平均输沙量3.45×10^8t，多年平均含沙量18.72kg/m^3。黄河是济南市重要客水资源，各项指标均达到国家地表水环境质量Ⅲ类标准，处理后适于灌溉和饮用，济南市通过鹊山水库、玉清湖水库等引用黄河水，作为主要城市供水水源。

其典型地质遗迹点位于百里黄河风景区，中心景区花草茂密，林木葱郁，堤防伟岸，悬河其上，大坝飞峙，气势磅礴。不但可以欣赏被誉为中国“水上长城”的黄河堤防、险工、水闸等工程景观，更可体会凌“悬河”之上奇伟之感。水域风光尤佳：枯水之期，流静波平、如镜似画；洪水涨时，浊浪排空，漩涡环生。置身巍巍长堤之上，南望历山（千佛山）倩影，群山叠翠，泉城美景尽收眼底；徜徉其间，亭栏松石，移步换景，临风听涛，心旷神怡。黄河湿地自然保护区内大量的野鸭、水鸭、灰鹭、白鹭、灰鹤、白鹤、天鹅等野生鸟类（图3-47和图3-48）。

图3-47　百里黄河风景区——黄河堤防

图3-48　百里黄河风景区——黄河南岸沙滩

3. 湿地—沼泽

湿地是自然界最富生物多样性的生态景观和人类赖以生存的环境之一，具有重要的水文学和生态学意义，被誉为“地球之肾”。济南市湿地资源较为丰富，湿地类型多样，列入“中国湿地名录”的有山东济西国家湿地公园、山东黄河玫瑰湖国家湿地公园、山东济南白云湖国家湿地公园。另外还有多处省级、市级湿地公园。现选择湿地—沼泽亚类地质遗迹，介绍如下。

（1）山东济西国家湿地公园。

山东济西国家湿地公园位于济南市中心城区的西部，玉清湖水库的西、南侧，北到玉符河南河岸线，东到南水北调东线引水渠，南到冯庄村与老李村间道路，西到高怀路，总面积11.30km^2。公园内湿地植物主要以芦苇、香蒲为主，植被资源比较丰富，植物种类有867种，列入国家Ⅱ级保护的植物有6种。湿地公园内共有陆生野生动物202种，其中野生鸟类、鱼类较多，鸟类主要有草鹭、白鹭、赤麻鸭、鸳鸯等。根据湿地公园资源特色及济南城市发展需要，按照建设“永续健康的小清河源头、湿地生态文化和地域文化展示平台、人与自然和谐共存的生态乐园”的要求，打造人与自然和谐共存的典范，建设融生态保护、科普教育、文化展示、休闲旅游等多功能于一体的国家湿地公园（图3-49）。

（2）山东黄河玫瑰湖国家湿地公园。

山东黄河玫瑰湖国家湿地公园总面积6.85km^2，湿地面积为4.50km^2，湿地率为65.69%，主要是人工湿地。湿地公园有维管植物98科641种，其中，国家级重点保护植物2种，山东特有植物3种。野生动物57科176种，以珍稀鸟类资源最丰富。湿地公园黄河直角景观位于湿地公园北部田山电灌站黄河边，在这里可以清楚地看到黄河流域中唯一的一处直角景观，也能够感受到滚滚黄河水奔腾北去的壮丽景象（图3-49）。玫瑰湖湿地公园如同一座湿地博物馆，不仅丰富人们的自然科学知识，还可以增强人们保护湿地的意识和环境意识。同时，在湿地公园的经营管理中，吸纳当地人参与经营管理，为当地人提供就业途径，带动了当地的经济发展。

图3-49　山东黄河玫瑰湖国家湿地公园

（3）山东济南白云湖国家湿地公园。

白云湖国家湿地公园（试点）地处章丘区白云湖镇境内，公园规划总面积为16.275km^2，其中湿地面积为13.544km^2，是济南市现有国家级湿地公园中面积最大的湿地公园。自2013年1月，国家林业和草原局批准山东济南白云湖国家湿地公园进行试点建设以来，湿地公园管理单位积极推进湿地公园建设，一方面通过水质保育、水禽栖息地保护等工程项目的实施，保护现有的水禽栖息地安全和提高其质量；另一方面，通过水禽栖息地营造、水生生物多样性恢复，营造满足不同水禽需求的栖息地，提供充足的水禽食物，从而为更多的水禽提供良好的栖息环境。同时，通过采取一定的生态保护和恢复工程措施，提高现有生物栖息地的质量，湿地生态系统得到恢复，野生动植物栖息、繁衍生存环境进一步改善，物种多样性、遗传多样性和生态景观多样性也得到有效保护。

（三）火山地貌类地质遗迹

济南市火山地貌分布较少，主要分布于章丘区普集镇东的长白山及跑马岭。章丘长白山位于章丘区东部，因山巅常有白云缭绕而名。山势峻拔，重峦叠嶂，绵延数十公里，一向有“泰山副岳”之称。最高峰摩诃顶，海拔826.8m。

（四）构造地貌类地质遗迹

济南市新构造运动较为活跃，降雨量较丰富，流水侵蚀地貌较发育，形成的溪流峡谷众多，构造地貌主要体现为峡谷地貌。济南市构造地貌类地质遗迹主要有历城藏龙涧峡谷地貌、长清灵岩山一线天。

历城藏龙涧峡谷地貌位于济南南部山区，在已开发的龙洞景区的西南方，是一山体的断裂带。藏龙涧因特殊的地理结构，山谷里的风声低沉如龙吟而得名。藏龙涧东西狭长，长数公里，开阔处宽数丈，紧窄处伸两臂即可摸到两侧峭壁，两侧如刀劈斧削，最高处逾百米。两侧危峰壁立，陡峭如削，崖壁间林木茂密，涧底流水不断，又因光照不足，山涧内阴暗潮湿，清新凉爽。藏龙涧一年四季风光无限，每个季节又各有不同的景致：春天有春天的灿烂，崖壁上盛开的连翘花，满山、满涧一片金黄；夏天有夏天的浪漫，满涧葱茏，翠峰、清泉、溪流、潭水，让人赏心悦目；秋天有秋天的斑斓，满山、满涧的黄栌、枫树红叶似火；冬天有冬天的风韵，涧底可滑冰，也可欣赏到晶莹剔透的冰挂、雾凇（图3-50）。

图3-50　历下藏龙涧

三、地质灾害大类地质遗迹

地质灾害的分布与地形地貌、地层岩性、人类工程活动有密切关系。济南市地质灾害遗迹主要为滑坡。经调查统计，济南市地质灾害大类地质遗迹有4处，均为地质灾害类地质遗迹，滑坡亚类（表3-4）。

表3-4　地质灾害大类地质遗迹简表

序号	遗迹名称	位置	地理坐标		等级	保护现状	利用现状
			经度/（°）	纬度/（°）			
1	长清马山滑坡群	长清区双泉镇庞庄村	116.4355	36.2231	省级以下	未保护	科研
2	长清明德王墓古滑坡	长清区五峰山街道办事处东马村	116.5016	36.2604	省级以下	未保护	科研
3	长清张夏梨枣峪滑坡	长清区张夏镇梨枣峪村	116.5613	36.2814	省级	已保护	科研
4	历城西营阁老滑坡	历城区西营镇阁老村	117.1379	36.2812	省级	已保护	科研、科普

（一）历城西营阁老滑坡

滑体长370m，宽300m，厚度88m，总体积约997万m^3，属大型滑坡。该滑坡微地貌形态为缓坡，坡度约44°，坡向10°，滑坡类型为推移式滑坡，滑坡性质为岩质滑坡，滑坡平面形态为舌形。滑坡滑动面大于30°。初滑时间为1940年前后，当时滑坡后裂缝仅1m，到2001年4月已扩展至17.9m，2005年因雨水较多，裂缝被雨水及其携带物所充填。山坡上存在大量危石，遇到震动或强降雨有向下滚落的可能。2009年阁老村路边发生小型崩塌，未造成人员伤亡。2011年8月21日测量滑坡后壁裂缝最宽处约20.10m，裂缝大多被土充填。根据滑坡形成机理及影响因素等综合分析，目前阁老滑坡处于不稳定状态，易形成滑坡及崩塌地质灾害，威胁对象为居民点，威胁86户293人的生命和1000万元的财产等。

其为地质灾害专业工作者研究、防治地质灾害课题和公众认识防范地质灾害的危险性提供了现实的科教场所。

（二）长清张夏梨枣峪滑坡

滑坡体分两个小滑坡，1号滑坡体长约30m，宽15m，厚5m，体积约$0.225\times10^4m^3$，为小型滑坡，滑坡底面为寒武系馒头组紫色页岩，滑坡体以较破碎的张夏鲕状灰岩为主，滑向北西。2号滑坡体长约100m，宽约70m，厚度大于5m，体积约$3.5\times10^4m^3$，滑坡体滑坡裂缝有内、外三条，呈三级滑坡台阶，后缘裂缝0.3~1.0m不等，滑坡方向南西（图3-51和图3-52）。现阶段受滑坡威胁最严重的10户居民已搬迁，如滑坡突然下滑，还将有30亩（1亩=$6.67\times10^{-4}km^2$）土地（包括作物）被破坏。截至2011年8月20日，梨枣峪滑坡在经历了降水过程后，坡体上的裂缝有扩大的趋势，用于自动监测的钢筋被拉断，断裂间距2cm，这也说明了该坡体仍处于不稳定状态。

图3-51　梨枣峪滑坡

图3-52 梨枣峪滑坡滑动面

（三）长清马山滑坡群

长清马山滑坡群由马山附近的4处古滑坡组成。

标高395m高地北古滑坡，滑坡类型为推移式滑坡，滑坡性质为土质，主滑面为张夏组灰岩与馒头组页岩分界面，滑体呈椭圆形盖于页岩之上，页岩产状352°∠6°。滑坡走向327°，破裂壁平直高耸，破壁下馒头组暗紫色页岩构成倾斜平台，宽300~400m，坡面角度大于页岩倾角。滑体盖于紫色页岩之上，长800m，宽600m，岩层反坡面倾斜，垂直于滑落方向的短轴缓平褶皱较多，可见四级破裂陡坎。滑坡稳定，无危害。

鹰嘴子山东翼古滑坡，滑坡类型为推移式滑坡，滑坡性质为碎块石，分布范围较大，主滑面为张夏组灰岩与馒头组页岩分界面，滑体呈椭圆形盖于页岩之上，页岩产状16°∠17°，滑坡走向106°，滑体岩层宽400~500m，长600m，以高角度顺坡倾斜，前缘陡立。滑坡稳定，无危害。

鹰嘴子山西侧古滑坡，滑坡类型为推移式滑坡，滑坡性质为碎块石，位于标高395m高地西北，破裂壁高程350~400m，主滑面为张夏组灰岩与馒头组页岩分界面，页岩产状16°∠17°，破裂壁与滑体之间宽为150~200m的槽形洼地，滑体呈舌状，走向316°，长800m，宽600m，由于拉裂错断，坡面呈阶梯状。滑坡稳定，无危害。

麻风病院北古滑坡，滑坡类型为牵引式滑坡，滑坡性质为碎块石，主滑面为张夏组灰岩与馒头组页岩分界面，页岩产状59°∠6°，滑体呈锥形盖于陡坡之上，滑体前缘破碎，多风化呈粉状，滑体走向250°，长400m，宽200m。滑动面及其周围见有擦痕、阶梯状张裂隙和碎裂现象，并见有大小混杂、棱角明显、钙泥质胶结的石灰质角砾岩。滑坡稳定，无危害（图3-53）。

图3-53　长清马山滑坡群之麻风院北古滑坡

Chapter4

第四章

济南市地质遗迹的形成演化与分布规律

第一节 济南市地质遗迹的形成与演化

济南地区位于华北板块鲁西隆起区北缘，自27亿年前的新太古代以来，历经漫长的地质变迁，频繁的地壳活动、岩浆活动和风化、剥蚀、搬运、沉积等内、外动力地质作用，形成了类型齐全、数量丰富的地质遗迹，为探索地球奥秘、旅游观光留下不可再生的宝贵资源。

在前寒武纪，济南地区的地壳逐渐由不成熟的过渡型演化为成熟的花岗质地壳；鲁西地区在古生代经历了海陆变迁，早古生代全域同步缓慢沉降，淹没于海水之中，为海相沉积；晚古生代，陆块逐渐抬升，海水退出，转化为陆相沉积，济南地区基本格局已形成；中、新生代，鲁西地区发生了与构造体制转折和岩石圈减薄相关的大规模岩浆作用、盆地断陷、地壳隆起等地质构造事件，造就了目前济南地区地质地貌景观。各地质时代期间留下的宝贵的、珍稀的地质遗迹，是地壳地质演化史最直接的记录者，成为探寻远古地质历史的密码。

一、前寒武纪阶段

前寒武纪是地壳发展过程中最古老的地质历史时代，也是地球生命开始形成和发展的初期阶段，对探索地球和地壳的形成及其演变规律以及生命起源、生命演化规律具有重要的意义。

27.5亿年前的新太古代早期，现在的济南地区还处在深海下面，由于地幔柱的强烈作用，地幔隆起，地壳减薄，形成裂陷槽的雏形，古老地壳发生裂谷作用，导致基性岩浆侵入和喷发。随着火山的强烈活动，地幔内部能量得到消耗，地幔柱活动减弱并停止，在裂谷两翼（大陆边缘浅水环境）遭受剥蚀形成碎屑沉积和与海底火山活动有关的硅铁建造，形成了泰山岩群雁翎关组具枕状构造的斜长角闪岩等基性火山沉积岩遗迹，是山东乃至世界典型的绿岩带遗迹。

万山庄序列南官庄中细粒变辉长岩（斜长角闪岩）呈规模不等的包体状产出，总体呈北西向展布，各侵入体长轴方向彼此平行，与区域构造线方向一致，表明侵入体受控于古构造活动带。

27亿年前，地幔岩浆结晶分异形成大量万山庄序列中细粒变辉长岩（斜长角闪岩）、泰山序列英云闪长质片麻岩。26亿年前的新太古代中期，鲁西地区发生区域变质作用和混合岩化作用，形成新甫山序列片麻状奥长花岗岩—花岗闪长岩。典型遗迹如出露于历城西营—七星台一带的新甫山序列岩石剖面（图4-1）。25亿年前的新太古代晚期，由于海底火山沉积作用，形成泰山岩群山草峪组、柳杭组，与前期形成的雁翎关组，构成我国太古界地层表中泰山岩群的命名地，是世界级地质遗迹。

图4-1　新甫山序列上港单元中粒含黑云片麻状奥长花岗岩侵入泰山岩群雁翎关组

鲁西地区新太古代（距今25亿~27.5亿年）岩浆活动强烈，早、中、晚三期岩浆侵入活动清楚，是鲁西地区早前寒武纪岩石主体，已经锆石U-Pb精确测年确定，为建立鲁西早前寒武纪地质精细年代格架奠定了基础，成为我国早前寒武纪地质研究基地。其中在历城水帘峡一带，出露有条带状斜长角闪岩，是距今27.5亿年前形成的斜长角闪岩，26亿年前遭受区域变质和混合化作用，变质分异作用形成的浅色奥长花岗岩脉体，侵入斜长角闪岩中，形成色彩鲜明的条带状岩石，即著名的泰山石（图4-2和图4-3），具有极高的观赏价值和科学研究价值，是地球深部陆壳熔融作用和现象理想的观察与研究场所，吸引了大量中外学者前来观赏、研究。

图4-2　奥长花岗岩侵入斜长角闪岩形成“猛虎上山”象形石

图4-3　奥长花岗岩侵入斜长角闪岩形成“齐天大圣”象形石

随着后期的造山作用，以泰山为代表的鲁中山地的隆起，这一时代形成的各期侵入岩出露地表，演化成山岳、峡谷等形态，构成了济南地区独特的花岗岩地貌遗迹、典型遗迹梯子山等。

太古宙晚期，鲁西陆壳由南北向挤压环境逐渐转变为伸展环境，鲁西地区发生了前寒武纪最大规模的构造热事件，形成峄山序列、傲徕山序列、红门序列，至此鲁西地壳已演化为类似于现代大陆的成熟刚性地壳。典型遗迹如出露于官营—垛庄一带的傲徕山序列松山单元中粒二长花岗岩岩石剖面及百丈崖侵入岩地貌（图4-4）。

元古代鲁西地区地壳相对稳定，以整体抬升为主，形成的地质体数量较少，鲁西地区处于拉张环境，地壳演化表现为两次裂解事件，鲁西产生陆内张性断裂，牛岚基性岩墙侵位，由辉绿岩组成，具有幔源岩浆岩的特点，代表了造山作用结束后地壳伸展减薄的结果。随着地壳的持续抬升，区内地壳长期接受风化、剥蚀、夷平，直至新元古代早期。

图4-4 章丘垛庄百丈崖

二、古生代阶段

进入古生代，济南地区进入陆块发展阶段，加里东运动造成地壳平稳下降，自早寒武世开始一直到晚奥陶世，接受以滨海—陆表海的稳定沉积为主的海相沉积，开始出现真正的沉积盖层。这期间仅在早奥陶世晚期有短暂的抬升剥蚀，形成怀远沉积间断，沉积地层总厚度达1555m。这期间经历了几次区域性构造活动，演化和形成了众多的地层剖面、不整合面、地貌景观等遗迹。海侵由东南往西北漫进，寒武纪地层呈上超式侵入，使寒武纪与前寒武纪变质基底呈角度不整合沉积接触。典型遗迹如出露于历城西营林枝村一带的泰山岩群雁翎关组与寒武纪地层不整合面、章丘垛庄团员沟泰山岩群山草峪组与寒武纪地层不整合面、章丘垛庄傲徕山序列中粒二长花岗岩与寒武纪地层不整合面、长清灵岩寺傲徕山序列中粒二长花岗岩与寒武纪地层不整合面。

早寒武世，鲁西地区开始接受海侵，主要沉积形成了一套含膏岩系的黄灰色白云岩夹部分细晶白云岩（朱砂洞组）。早—中寒武世，进入潮坪环境，沉积紫灰色砂质云母页岩夹鲕粒灰岩、生物碎屑灰岩和部分薄层砂岩（馒头组）；中寒武世开始向台地边缘滩、礁相过渡，沉积形成了大套鲕粒灰岩和藻凝块灰岩（张夏组）。中寒武世—早奥陶世海水加深，本区变化于陆棚盆地和大陆斜坡相间带，沉积形成了砾屑灰岩、生物碎屑灰岩（崮山组、炒米店组），在崮山期页岩中常出现较深水的低速瘤状泥质灰岩沉积夹层。至此鲁西地区形成了较完整、出露良好，具有对比意义的寒武纪地层剖面遗迹，如被誉为世界第三地质名山的长清馒头山地层剖面遗迹（图4-5）。

图4-5　长清馒头山

奥陶纪早期，本区由大陆斜坡转为局限台地潟湖相沉积；沉积了一套泥晶质沉积物，而后本区上隆，海水变浅，海水的大量蒸发、咸化使已形成的灰泥沉积物在脱水固结的过程中白云岩化，形成三山子组白云岩；当时沉积物中胶凝状硅质集中形成了燧石结核和条带。三山子组白云岩形成之后，由于怀远运动使本区继续上隆，由海变陆、沉积间断遭受到剥蚀，到中奥陶世才又下降接受滨浅海相碳酸盐岩沉积，受地壳平稳的升降影响，在开阔台地—局限台地反复更替的碳酸盐岩台地上形成灰岩与白云岩的反复叠置，形成马家沟群东黄山组角砾状泥质白云岩和北庵庄组灰色厚层泥晶灰岩及其上的地层，典型遗迹如出露于历下大佛头的九龙群上部—马家沟群下部层状剖面。

晚奥陶世末，受加里东运动影响，华北板块隆升，海水退去遭受长期的剥蚀、夷平，致使缺失自上奥陶统至下石炭统的沉积，形成铁铝质风化壳。

晚石炭世华北板块整体下降，开始了新的沉积阶段，济南地区接受石炭系、二叠系的海浅水陆棚相—海陆交互相—陆相河湖相铝铁砂页岩建造和含煤石英砂岩建造（月门沟群、石盒子群）。在奥陶系不整合面上发育少许铁铝质黏土岩和铝土矿（本溪组）后，继而形成了灰色泥岩、粉砂岩夹泥灰岩的煤系地层（太原组、山西组），形成济南地区主要含煤层位，以及以河湖相沉积为主的砂岩、泥岩交互出现两个地层旋回（石盒子群）。

二叠纪末，受海西运动影响，发生区域性隆起，而晚三叠世受造山带根部岩石折返抬升影响，盆地隆升，早中三叠世沉积物绝大部分被剥蚀，形成了中生代地层与古生代地层之间重要的不整合界面遗迹（图4-6），仅出露于济南章丘一带。该不整合面的局限发育不仅是后期剥蚀的结果，也应是当时构造差异的反映。

图4-6　二叠纪石盒子群孝妇河组—三叠纪石千峰群孙家沟组不整合界面（章丘于家庄）

济南地区古生代沉积历史，主要受控于地壳的垂直升降运动，下降接受沉积，抬升遭受剥蚀，褶皱断裂均不发育，无明显形变，是地壳相对平静时期。

另外，古生代形成的厚层碳酸盐岩地层以及灰岩与页岩相间的地层结构，为后期溶洞、峰林等碳酸盐岩地貌和我国第五大岩石地貌——岱崮地貌等遗迹的形成和演化奠定了基础。

三、中生代阶段

中生代是板块、气候、生物演化改变极大的时代，这期间盘古大陆经历了聚集、分裂、漂移并逐渐移动到接近现在的位置，末期发生了地质年代最严重的灭绝事件。

中生代以来，华北板块再次活化，本区的地壳运动逐渐加强，集中表现为多期断裂及各种岩浆活动。

印支期（距今252Ma）扬子板块与华北板块的俯冲碰撞，华北板块在南北向水平挤压应力作用下，被动表现为抬升剥蚀，鲁西在南北向水平挤压应力作用下，发生穹状隆起，未发生强烈的地质运动。在三叠纪，印支运动使地壳不均衡下沉，在盆地区沉积了河湖相石千峰群孙家沟组及刘家沟组等地层，并夹有大量火山物质，之后地壳抬升，使三叠纪地层遭受风化剥蚀，仅在章丘东部残存部分地层。

燕山期是华北板块强烈活动时期，在燕山构造期早期（侏罗纪），库拉板块（古太平洋板块）向欧亚板块NNW俯冲，这种斜向俯冲对东亚大陆边缘产生斜向挤压（包汉勇等，2013），派生了NNW—SSE向挤压应力场，形成一系列北西向、北东向的张扭性断层和断陷盆地，断层北盘上升，南盘下降，在盆地区沉积了河流相淄博群坊子组、三台组地层。

燕山运动晚期（白垩纪），太平洋板块NW向高角度俯冲，同时随着密度的增大，使得过厚的岩石圈根重力不稳定，岩石圈从下地壳的位置断离并沉入软流圈。济南地区NW向、NE向断裂活动加剧，断陷幅度增强，并且形成了近东西向张性断裂雏形，在断陷盆地中，首先沉积了河湖相莱阳群城山后组等地层，之后，具有EMⅠ型地幔端元特征的玄武质岩浆在强烈伸展环境的地球动力学背景下沿构造薄弱带迅速上侵，在上覆盖层良好的封闭条件下，使盖层隆起破裂以及向盖层内部层间穿插强力就位，局部由于岩体侵入形成穹窿构造；玄武质母岩浆经过多期次涌动、脉动而形成济南序列侵入体；沿断裂发生岩浆喷发活动，形成青山群八亩地组火山岩地层。在济南序列岩体侵入接触变质带上普遍发生热接触交代变质作用，同时有较强的矿化蚀变，形成济南接触交代型铁矿。典型遗迹为出露于济南华山的侵入岩体，呈孤峰状，与卧牛山、鹊山侵入岩孤峰等共同构成“齐烟九点”侵入岩地貌（图4-7）及“济南青”辉长岩矿业遗址。

图4-7 “齐烟九点”侵入岩地貌——鹊山

四、新生代阶段

新生代济南地区构造格局具有明显的继承性和新生性的双重特点，构造特征和动力学演化继承中生代的特点，却又明显区别于中生代的构造格局。中生代后期的燕山运动基本奠定了山东地区地貌格局，新生代喜马拉雅运动时又在中生代构造格局的基础上进一步发展，伴随着鲁中山地的隆起，形成现代的地形地貌和水系格局。

从古近纪开始，由于太平洋板块NWW向低速俯冲，印度板块与欧亚板块的碰撞高速俯冲的联合作用下，导致软流圈向东蠕动，拖曳岩石圈发生减薄，地幔上隆，使研究区南部的泰安地区大幅抬升并遭受剥蚀，形成了泰山的基本轮廓，同时研究区北部的齐广断裂以及与齐广断裂近于平行的NEE向断裂形成并发生强烈掀斜。当抬升到一定程度以及抬升速度的加快［中始新世是一次滑脱构造大规模发育的时期（距今44Ma~37Ma）（李理等，2007）］，由于受北部济南岩体的阻挡，在岩体的南部马家沟群东黄山组这一薄弱层之上的北庵庄组在重力的作用下沿地层的薄弱面（怀远沉积间断面）发生重力滑动，形成滑脱褶皱，褶皱轴迹以近EW向平行岩体边部为特征，并形成与轴迹平行的近EW向轴面劈理等小型压性结构面。

鲁中山地的隆起塑造了以泰山为首的中低山和山脉，大地构造的抬升与切割形成众多形态各异的岩土体地貌景观，典型的如千佛山、五峰山、蟠龙山等岩溶地貌、二郎山岱崮地貌、百丈崖侵入岩地貌等。广泛分布的碳酸盐岩地层向北倾斜赋存了丰富的地下水，地下水向北流动，遇到济南序列辉长岩阻水体的阻挡和覆盖，在断裂构造发育处，无压潜水产生承压力，转化成承压水，即形成闻名世界济南上升泉泉群。

新近纪以来，受华北运动影响，济南地区基本停止了裂陷活动，盆地逐渐进入热沉降阶段，在华北坳陷区沉积了巨厚的黄骅群。晚喜马拉雅运动使华北坳陷整体上升，结束沉积并进一步夷平。

在中—上新世，受太平洋板块俯冲影响，济南地区地壳以北西向左行压扭机制为主，使北西向断裂发生左行压扭活动，切割近东西向断裂，在低洼区沉积河湖相的明化镇组、巴漏河组等地层。

第四纪以来以间歇性隆升为特征，中晚更新世主要沿山间凹地沉积次生黄土性质的风积、洪坡积、洪冲积堆积（羊栏河组、大站组）。全新世主要形成了现代河湖相沉积，沉积了河湖相平原组、湖沼相黑土湖组、巨野组和河流相临沂组、黄河组，现代湖泊沉积为白云湖组，现代地质构造—地貌格局已基本成型（图4-8）。黄河的泛滥塑造了广袤的鲁西北平原，在局部洼地形成珍稀的湿地资源，如山东济西湿地、山东黄河玫瑰湖湿地、济南白云湖湿地、济南澄波湖湿地、天桥鹊山龙湖湿地等。

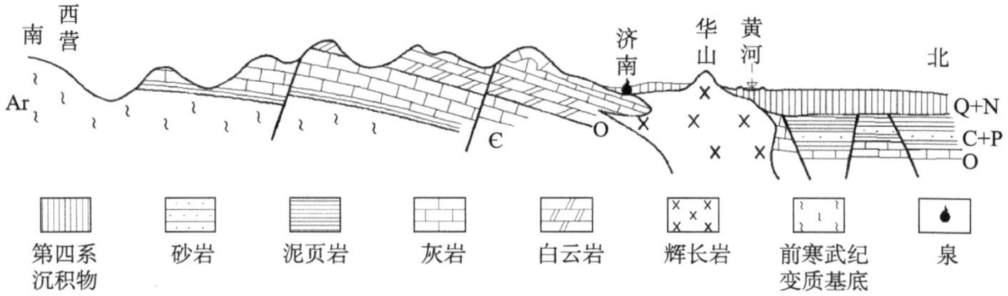

图4-8 济南地区地质剖面示意图

另外，近代流水作用也塑造了一些特殊的地质遗迹，如平阴境内的黄土地貌景观遗迹，为山东省境内较稀有的地质遗迹资源。

济南市平阴县玫瑰镇南台村和平板台村附近沟谷内，发育有典型的黄土地貌，包括黄土沟谷和黄土柱地貌景观，分布面积达到12km^2，可与我国西部黄土地区的土林地貌景观相媲美，这在山东省境内甚至中国东部沿海地区较少见。土林是特殊的岩性组合、构造运动、风雨动力和生态环境等条件综合作用的结果。济南市平阴县境内发育的黄土柱为黄土沟边的柱状残留土体，由流水不断地沿黄土垂直节理进行侵蚀和潜蚀以及黄土的崩塌作用形成，形态硬朗、奇特，有圆柱状、尖塔形等，高度一般为几米到十几米。与西部地区的土林景观一样，在冬季，这里的黄土柱地貌景观也向人们展现了一种原始的、粗犷的美，仿佛一处蛮荒的远古世界，给人一种感官和心灵的艺术震撼；而在鸟语花香的季节，红黄相间的黄土柱林立于黄绿色的丛林间，又给人一种强烈的、绚丽的色彩感，是有别于青山绿水、鸟语花香的另一种形式的自然风光美。

第二节　济南市地质遗迹的分布规律

一、重要地质遗迹空间分布规律

从行政区域方面看，济南市72处重要地质遗迹涉及7区2县，其中主要分布于南部山区的历城、章丘，其次为长清，商河县无重要地质遗迹分布（表4-1）。

表4-1　济南市各区县重要地质遗迹分布情况统计表　　单位：个

类别	历下区	市中区	槐荫区	天桥区	历城区	长清区	平阴县	济阳区	商河县	章丘区	合计
基础地质大类	1	2	0	1	11	3	0	0	0	17	33
地貌景观大类	3	0	1	3	11	5	3	1	0	6	35
地质灾害大类	0	0	0	0	1	3	0	0	0	0	4
合计	4	2	1	4	23	11	3	1	0	23	72

二、重要地质遗迹地形地貌分布规律

济南市地处鲁中低山丘陵与鲁北平原的交接地带，总体地势南高北低，地面标高一般在15~975.80m。区内地貌类型自南向北依次为中低山、丘陵—残丘、山前洪积—冲积平原和黄河冲积平原四种类型，黄河及小清河一线是山地丘陵区与平原区的交界。受地形地貌的控制，地质遗迹分布呈明显的规律性。

从总的分布规律看，济南市重要地质遗迹涵盖了北部平原、南部山区两大地貌区，其中以南部山区山地突出，地面标高150~975.80m，最高点为历城区南部的梯子山，地面标高975.80m，岩石裸露，地层出露较为齐全，出露地质遗迹数量最多，达53处，占济南市重要地质遗迹总数的73.61%；北部冲洪积平阴、山前洪积—冲积平原，位于济南市中北部地面标高一般在15~150m，地面坡度0°~10°，多为第四系覆盖，出露地质遗迹19处，占重要地质遗迹总数的26.39%。

从地质遗迹类型分布看，基础地质大类中的地层剖面、岩石剖面等遗迹分布于中山、低山和丘陵一带，该区域岩石裸露，地层出露较好，是观察地层剖面和岩石剖面等遗迹的良好场所（图4-9）。

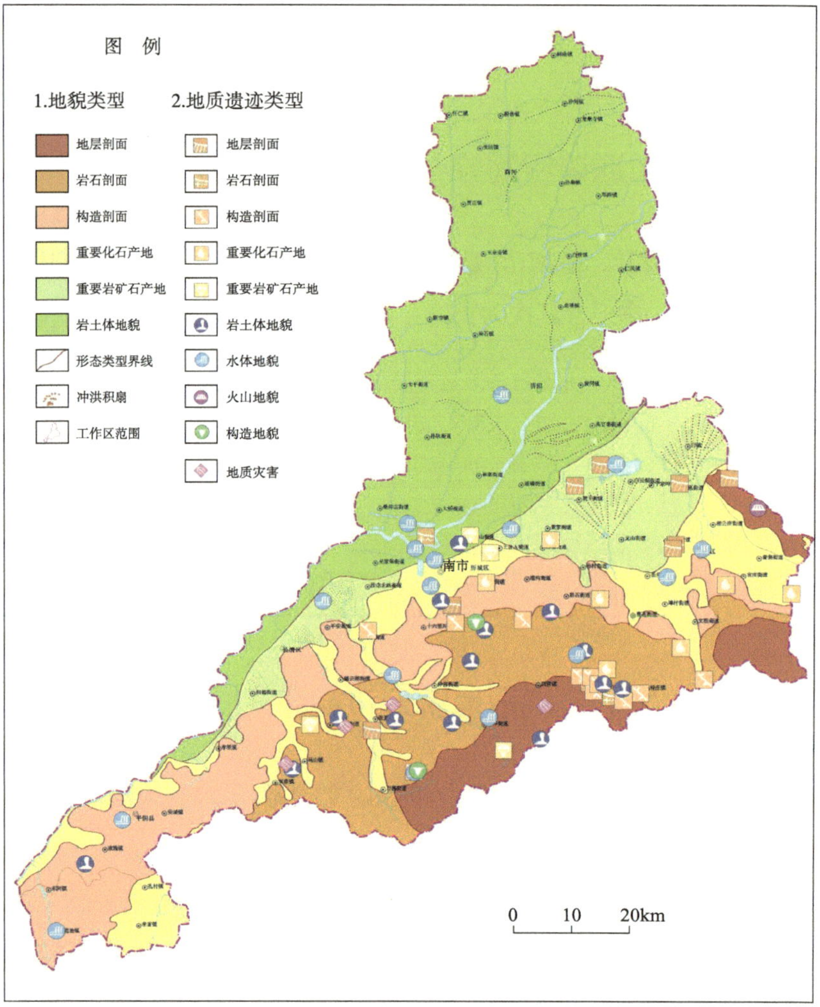

图4-9　济南市重要地质遗迹地形地貌分布图

构造剖面、重要化石产地和重要岩矿石产地等遗迹分布于丘陵及山间平原一带，该区域人类工程活动强烈，重要化石产地和重要岩矿石产地大多分布于此，如千佛山断裂小岭村段、东坞断裂两河段露头，通过人类工程活动揭露并发现了“济南青”“柳埠红”、木鱼石、张马屯铁矿等矿产地，并进行了开发，留下了宝贵的矿业遗迹。

岩土体地貌中的侵入岩地貌、构造地貌等地貌景观遗迹，以及地质灾害遗迹等主要分布于中低山丘陵地带。岩土体地貌中的泉等水体景观地貌遗迹主要分布于山前平原地带，地下水受倾斜的地形和岩层控制径流而下，在地势低洼处遭遇阻挡而上升成泉水景观，如著名的济南上升泉泉群遗迹、百脉泉泉群。

碳酸盐岩地貌遗迹主要分布于低山和丘陵区，包括方山、溶洞等岩溶景观遗迹，典型代表如长清馒头山、章丘二郎山岱崮地貌景观及蟠龙洞、莲台山溶洞群等岩溶地貌景观。

三、重要地质遗迹地质体分布规律

地质体反映了地质遗迹赋存的条件和形成的环境。济南市重要地质遗迹资源赋存于新太古代至新生代等各地质时代的岩石地层中，有的地质遗迹与赋存地质体同时形成，有的则经历了后期地壳运动的改造而形成，也有的随着后期赋存条件和环境的演化而形成。

依据对地质遗迹赋存地质体时代的统计，济南市72处重要地质遗迹中赋存于显生宇地层中的遗迹数量最多，达65处，占重要地质遗迹总数的90.28%，其中古生界、中生界和新生界地层中地质遗迹数量分别为29处、6处和30处，占重要地质遗迹总数的40.28%、8.33%、41.67%，赋存于太古宇地层中的遗迹数量最少，为7处，占重要地质遗迹总数的9.72%（图4-10）。

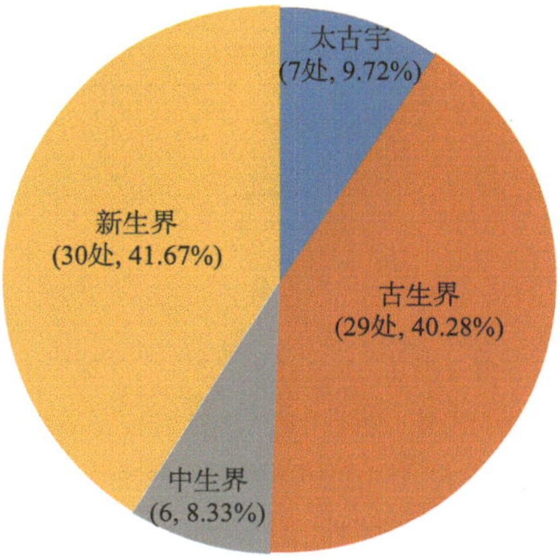

图4-10 重要地质遗迹赋存地质体时代分布图

依据对地质遗迹赋存地质体岩石类型的统计，济南市72处重要地质遗迹中赋存于沉积岩中的遗迹数量最多，达58处，占重要地质遗迹总数的80.5%；其次为赋存于岩浆岩的地质遗迹，数量为11处，占重要地质遗迹总数的15.3%；赋存于变质岩中的地质遗迹数量最少，仅为3处，占重要地质遗迹总数的4.2%（图4-11）。

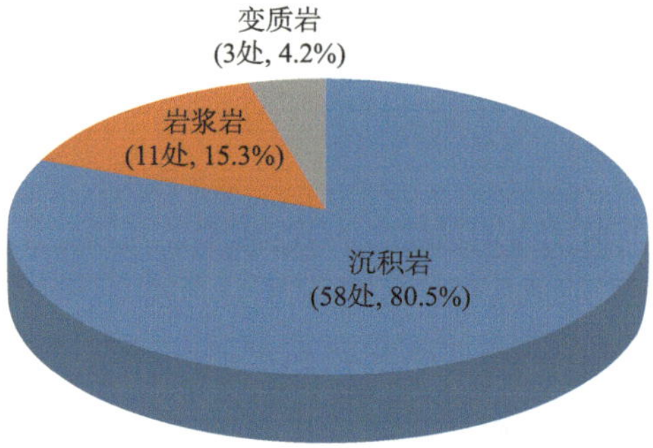

图4-11　重要地质遗迹赋存地质体岩石类型图

Chapter5

第五章

济南市地质遗迹评价

建立在地质遗迹调查的基础上，对本次工作调查的72处地质遗迹点进行评价，尽量科学客观地评价地质遗迹等级。

第一节　评价方法

本次地质遗迹鉴评采用专家鉴评法。

地质遗迹评价工作，建立在地质遗迹调查的基础上，对筛选出的各类重要地质遗迹，聘请山东省在基础地质、地层、构造、岩浆岩、变质岩、古生物、矿产地质、水工环方面的技术专家组成鉴评专家组，根据评价标准并结合其工作经验，经集体讨论，确定地质遗迹点的级别，填写地质遗迹点鉴评结果表。每一类型地质遗迹点鉴评专家不少于3人。

第二节　评价依据

一、评价原则

地质遗迹资源评价，为制定人与自然协调发展与强化地域系统功能的国土规划和地质遗迹资源保护与合理开发规划，提供全面的科学依据。评价的基本原则应遵循客观实际符合科学的原则，全面系统地进行评价的原则，并与评价目的、经济效益、环境效益、社会效益相结合的原则。

分类评价原则：不同类型地质遗迹评价的侧重点和标准不同。基础地质类和地质灾害类地质遗迹侧重其科学价值，地貌景观类地质遗迹侧重其观赏价值。不同的地质遗迹有不同的自然属性，具有不同的价值。如基础地质类和地质灾害类地质遗迹其科学价值较为突出而美学价值和开发利用价值相对较弱，而地貌景观类地质遗迹往往观赏价值较强，但科学价值则较弱。在评价中，采用分体系评价的原则，按科学价值、美学价值和开发利用条件等分别进行评价，在此基础上再进行综合评价。既可明确每个地质遗迹点在科学价值、美学价值、开发利用条件上的不同水平，又可以明确其综合价值，有利于在区域地质遗迹规划和管理中区别对待。

对比原则：就地质遗迹的科学性、观赏性、完整性、稀有性与国内外同类地质遗迹进行充分对比。

点面结合原则：以地质遗迹点评价为基础，综合考虑区域内所有地质遗迹点的组合关系，进行整体评价。

二、评价内容

地质遗迹的科学价值和美学价值评价内容包括科学性、稀有性、完整性、美学性、保存程度、可保护性六个方面。

（1）科学性，评价地质遗迹对于科学研究、地学教育、科学普及等方面的作用和意义。

（2）稀有性，评价地质遗迹的科学含义和观赏价值在国际、国内或省内稀有程度和典型性。

（3）完整性，评价地质遗迹所揭示的某一地质演化过程的完整程度。

（4）美学性，评价地质遗迹的优美性、视觉舒适性和冲击力。

（5）保存程度，评价地质遗迹点保存的完好程度。

（6）可保护性，评价影响地质遗迹保护的外界因素的可控制程度。

三、评价标准

（一）地质遗迹评价标准

地质遗迹分为Ⅰ级（世界级）、Ⅱ级（国家级）、Ⅲ级（省级）及Ⅳ级（省级以下），具体划分标准如表5-1、表5-2所示。

表5-1　不同类型地质遗迹科学性和观赏性指标及对应标准表

遗迹类型	评价标准	级别[①]
地层剖面	具有全球性的地层界线层型剖面或界线点	Ⅰ级
	地层剖面具有地层大区对比意义的典型剖面或标准剖面	Ⅱ级
	具有地层区对比意义的典型剖面或标准剖面	Ⅲ级
	具有科普价值的地层区对比意义的剖面	Ⅳ级
岩石剖面	全球罕见稀有的岩体、岩层露头，且具有重要科学研究价值	Ⅰ级
	岩石剖面全国或大区内罕见岩体、岩层露头，具有重要科学研究价值	Ⅱ级
	具有指示地质演化过程的岩石露头，具有科学研究价值	Ⅲ级
	具有一般的指示地质演化过程的岩石露头，具有科学普及价值	Ⅳ级
构造剖面	具有全球性构造意义的巨型构造、全球性造山带、不整合界面（重大科学研究意义的）关键露头地（点）	Ⅰ级
	在全国或大区域范围内区域（大型）构造，如大型断裂（剪切带）、大型褶皱、不整合界面，具有重要科学研究意义的构造剖面露头地	Ⅱ级
	在一定区域内具有科学研究对比意义的典型中小型构造，如断层（剪切带）、褶皱、其他典型构造遗迹	Ⅲ级
	具有科学普及意义的中小型构造，如断层（剪切带）、褶皱、其他典型构造遗迹	Ⅳ级
重要化石产地	反映地球历史环境变化节点，对生物进化史及地质学发展具有重大科学意义；国内外罕见古生物化石产地或重要化石产地古人类化石产地；研究程度高的化石产地	Ⅰ级
	具有指准性标准的化石产地；研究程度较高的化石产地	Ⅱ级
	系列完整的古生物遗迹产地	Ⅲ级
	古生物化石产地或者露头，具有科普价值	Ⅳ级
重要岩矿石产地	全球性稀有或罕见矿物产地（命名地）；在国际上独一无二或罕见矿床	Ⅰ级
	重要岩矿石产地在国内或大区域内特殊矿物产地（命名地）；在规模、成因、类型上具有典型意义	Ⅱ级
	典型、罕见或具有工艺、观赏价值的岩矿物产地	Ⅲ级
	具有一定的科普或观赏价值的岩矿石产地	Ⅳ级
岩土体地貌	极为罕见之特殊地貌类型，且在反映地质作用过程有重要科学意义	Ⅰ级
	岩土体地貌具有观赏价值之地貌类型，且具有科学研究价值者	Ⅱ级
	稍具观赏性地貌类型，可作为过去地质作用的证据	Ⅲ级
	有一定的观赏性，并可以作为旅游开发和科普教育的一个组成部分的地貌景观	Ⅳ级
水体地貌	地貌类型保存完整且明显，具有一定规模，其地质意义在全球具有代表性	Ⅰ级
	水体地貌地貌类型保存较完整，具有一定规模，其地质意义在全国具有代表性	Ⅱ级
	地貌类型保存较多，在一定区域内具有代表性	Ⅲ级
	有一定的观赏性，并可以作为旅游开发和科普教育的一个组成部分的水体地貌景观	Ⅳ级

续表

遗迹类型	评价标准	级别①
构造地貌	地貌类型保存完整且明显，具有一定规模，其地质意义在全球具有代表性	Ⅰ级
	构造地貌地貌类型保存较完整，具有一定规模，其地质意义在全国具有代表性	Ⅱ级
	地貌类型保存较多，在一定区域内具有代表性	Ⅲ级
	有一定的观赏性，并可以作为旅游开发和科普教育的一个组成部分的构造地貌景观	Ⅳ级
火山地貌	地貌类型保存完整且明显，具有一定规模，其地质意义在全球具有代表性	Ⅰ级
	火山地貌地貌类型保存较完整，具有一定规模，其地质意义在全国具有代表性	Ⅱ级
	地貌类型保存较多，在一定区域内具有代表性	Ⅲ级
	有一定的观赏性，并可以作为旅游开发和科普教育的一个组成部分的地貌景观	Ⅳ级
冰川地貌	地貌类型保存完整且明显，具有一定规模，其地质意义在全球具有代表性	Ⅰ级
	冰川地貌地貌类型保存较完整，具有一定规模，其地质意义在全国具有代表性	Ⅱ级
	地貌类型保存较多，在一定区域内具有代表性	Ⅲ级
	有一定的观赏性，并可以作为旅游开发和科普教育的一个组成部分的地貌景观	Ⅳ级
海岸地貌	地貌类型保存完整且明显，具有一定规模，其地质意义在全球具有代表性	Ⅰ级
	海岸地貌地貌类型保存较完整，具有一定规模，其地质意义在全国具有代表性	Ⅱ级
	地貌类型保存较多，在一定区域内具有代表性	Ⅲ级
	有一定的观赏性，并可以作为旅游开发或者科普教育的一个组成部分的地貌景观	Ⅳ级
地震遗迹	罕见震迹，特征完整而明显，能够长期保存，并具有一定规模和代表性（全球范围）	Ⅰ级
	地震遗迹震迹较完整，能够长期保存，并具有一定规模（全国范围）	Ⅱ级
	震迹明显，能够长期保存，具有一定的科普教育和警示意义（本省范围）	Ⅲ级
	有一定的观赏性，并可以作为旅游开发或科普教育的一个组成部分的地貌景观	Ⅳ级
地质灾害遗迹	罕见地质灾害且具有特殊科学意义的遗迹	Ⅰ级
	地质灾害遗迹为重大地质灾害形成且具有科学意义的遗迹	Ⅱ级
	典型的地质灾害所造成的遗迹且具有教学实习及科普教育意义的遗迹	Ⅲ级
	有一定的观赏性，并可以作为旅游开发或者科普教育的一个组成部分的地貌景观	Ⅳ级

注：①Ⅰ级为世界级，Ⅱ级为国家级，Ⅲ级为省级，Ⅳ级为省级以下。

表5-2　地质遗迹评价其他指标及对应标准表

评价因子	界定标准	级别
稀有性	属国际罕有或特殊的遗迹点	Ⅰ级
	属国内少有或唯一的遗迹点	Ⅱ级
	属省内少有或唯一的遗迹点	Ⅲ级
	属县域内少有或唯一的遗迹点	Ⅳ级

续表

评价因子	界定标准	级别
完整性（系统性）	反映地质事件整个过程都有遗迹出露，表观现象保存系统完整，能为形成与演化过程提供重要证据	Ⅰ级
	反映地质事件整个过程，有关键遗迹出露，表观现象保存较系统完整	Ⅱ级
	反映地质事件整个过程的遗迹零星出露，表观现象和形成过程不够系统完整，但能反映该类型地质遗迹景观的主要特征	Ⅲ级
	反映本县域内的地质事件和主要地质遗迹景观特征	Ⅳ级
保存程度	基本保持自然状态，未受到或极少受到人为破坏	Ⅰ级
	有一定程度的人为破坏或改造，但仍能反映原有自然状态或经人工整理尚可恢复原貌	Ⅱ级
	受到明显的人为破坏和改造，但尚能辨认地质遗迹的原有分布状况	Ⅲ级
	虽然受到严重破坏，但仍能反映地质遗迹的分布状况	Ⅳ级
可保护性	通过人为因素采取有效措施（工程或法律）能够得到保护的，如古生物化石产地，遗迹单体周围没有其他破坏因素存在	Ⅰ级
	通过人为因素采取有效措施能够得到部分保护的（部分控制），如溶洞等，周围一定范围内没有破坏因素存在	Ⅱ级
	自然破坏能力较大，人类不能或难以控制的因素——自然风化，暴雨、地震等，有一定被破坏的威胁	Ⅲ级
	受破坏较大，但又产生出新的景观或现象，或者异地保护	Ⅳ级

（二）地质遗迹级别划分标准

1. Ⅰ级（世界级）

（1）能为全球演化过程中的某一重大地质历史事件或演化阶段提供重要地质证据的地质遗迹；

（2）具有国际地层（构造）对比意义的典型剖面、化石产地及矿产地；

（3）具有国际典型地学意义的地质地貌景观或现象。

2. Ⅱ级（国家级）

（1）能为一个大区域演化过程中的某一重大地质历史事件或演化阶段提供重要地质证据的地质遗迹；

（2）具有国内大区域地层（构造）对比意义的典型剖面、化石产地及矿产地；

（3）具有国内典型地学意义的地质地貌景观或现象。

3. Ⅲ级（省级）

（1）能为区域地质历史演化阶段提供重要地质证据的地质遗迹；

（2）有区域地层（构造）对比意义的典型剖面、化石产地及矿产地；

（3）在地学分区及分类上，具有代表性或较高历史、文化、旅游价值的地质地貌景观。

4. Ⅳ级（省级以下）

是指不符合以上标准的地质遗迹点。

第三节 单因素评价

本次工作主要在收集与分析资料、野外调查的基础上，对地质遗迹点进行评价，评价内容主要包括科学性、美学性、稀有性、保存程度、完整性、通达性、可保护性等自然属性和社会属性（表5-3）。不同地质遗迹类型评价标准各不相同，其中基础地质大类地质遗迹、地质灾害大类地质遗迹侧重其科学价值，地貌景观大类地质遗迹侧重其观赏价值和稀有性。

一、科学性

济南市地层剖面类地质遗迹主要为层型和地质事件剖面。层型亚类地质遗迹选自《山东省区域地质志》和《山东省岩石地层》中的目前正在使用的剖面，在全球、全国或全省具有一定的对比意义。较有代表性主要有济南长清张夏—崮山华北寒武系标准剖面是中国地层和古生物研究历史最长、研究程度最高的地层剖面之一，在中国地质学史上占有很重要的地位，是进行层序地层学、多重地层划分对比和研究的理想地区，是进行地质科学教育的良好基地，是不可多得的“地学实验室”。历城枣林—章丘团员沟泰山岩群剖面为华北克拉通最为典型的太古宙表壳岩系之一，是华北克拉通唯一确定既存在新太古代早期表壳岩系又存在新太古代晚期表壳岩系的岩群，团员沟地区具变余枕状构造的斜长角闪岩厚度在1000m以上，全球少有；由于鲁西地区既不存在中太古代以前又不存在古元古代以来构造热事件，使之成为研究新太古代时期地壳形成演化历史的理想地区，具有全球意义。历下大佛头九龙群上部—马家沟群下部层型剖面地层连续、露头好，地层单位间接触关系清楚，岩石类型、层面及层理结构等地质现象丰富，是生物地层、年代地层、层序地层、沉积环境演化等观察研究的理想地区。章丘枣园巴漏河组层型剖面为新近纪黄骅群巴漏河组地层命名地，该组顶部藻鲕灰岩中，赋存较多的脊椎动物化石，对研究济南地区新近纪古沉积环境、古气候均具有重要意义。章丘枣园大站组层型剖面为第四纪更新世大站组地层命名地，是第四系河相沉积的地层单位，对研究济南地区更新世古沉积环境、古气候均具有重要意义。历城唐王韩家庄黑土湖组层型剖面为湖沼相沉积，是第四纪全新世黑土湖组在山东的典型出露地，含植物孢粉和螺壳化石丰富，对研究济南地区全新世气候变化、生物群演化具有重要意义。章丘白云湖组层型剖面为现代湖泊相沉积，富含有机质及淡水贝壳，对研究白云湖组地层划分、地质科学研究和古地理古气候均具有重要意义。

章丘于家庄二叠纪石盒子群孝妇河组—三叠纪石千峰群孙家沟组剖面为地质事件剖面，接触面上覆地层为三叠纪石千峰群孙家沟组砂砾岩，为陆相和河流相沉积形成，下伏地层为二叠纪石盒子群孝妇河组灰色砂岩和紫红色泥岩，为海陆交互相沉积。三叠纪底界面附近存在较明显的铱异常，在二叠纪地层中存有大量的生物和化石，而在三叠纪地层中无任何生物和化石，证明在此时期发生了重大的灾变事件。对于研究三叠纪和二叠纪之间发生的地质事件具有科学意义。章丘孙家沟侏罗纪淄博群三台组—白垩纪莱阳群城山后组剖面为地质事件剖面，为典型清晰完整的平行不整合，是山东省境内少有的出露点，对研究二叠纪和白垩纪之间发生的地质事件具有科学意义。

天桥—历城济南序列岩石剖面以发育基性岩—辉长岩为主要特征，形成时代约为130Ma，归属早白垩世燕山晚期。对研究鲁西地区白垩纪（燕山晚期）构造岩浆活动、大地构造格局具有重要意义，济南辉长岩与奥陶系的接触带形成接触交代型济南铁矿，济南序列辉长岩侵入体也是济南泉群泉水形成的重要因素之一。历城西营—七星台新甫山序列岩石剖面、章丘官营—垛庄傲徕山序列岩石剖面均为新太古代侵入岩剖面，章丘垛庄官营花岗岩深熔混合岩化带为新太古代变质岩剖面，对研究鲁西隆起区太古宙岩浆活动与岩石圈演化具有重要意义。

济南市不整合面亚类地质遗迹均为寒武系与太古宇不整合面，对研究鲁西地区地质发展历史、鉴定地壳运动和确定构造变形时期等具有重要意义。千佛山断裂、东坞断裂、文祖断裂、射垛断裂及丘山紧闭褶皱等地质遗迹对研究济南地区区域构造活动及泉水成因等具有重要意义。

济南市重要化石产地有8处，主要包括章丘长申地北石炭—二叠纪植物化石、历城郭店虞山万山组双壳类及植物化石、历城雅居园、彩石王家鹊山、彩石马头山—李家窝、章丘朱家峪、章丘锦屏山五阳山组角石、腹足类化石、章丘垛庄十八盘—赵家岭馒头组、崮山组三叶虫化石等，对研究济南地区生物演化，恢复鲁西古地理、古环境具有重要的意义。

济南市矿产资源较丰富，重要岩矿石产地类遗迹主要有历城卧牛山“济南青”辉长岩、历城“柳埠红”花岗岩、长清马山双泉木鱼石、历城张马屯铁矿等矿业遗址，为济南市矿床规模、成因、类型上具有典型意义的地质遗迹（表5-3）。

表5-3　济南市重要地质遗迹单因素评价一览表　　单位：级

序号	遗迹名称	科学性	美学性	稀有性	保存程度	完整性	可保护性	总级别
1	济南九龙山张夏—崮山华北寒武系标准剖面	Ⅰ	Ⅲ	Ⅰ	Ⅰ	Ⅰ	Ⅰ	Ⅰ
2	历城枣林—章丘团员沟泰山岩群剖面	Ⅰ	Ⅲ	Ⅰ	Ⅱ	Ⅱ	Ⅱ	Ⅰ
3	历下大佛头九龙群上部—马家沟群下部层型剖面	Ⅲ	Ⅳ	Ⅲ	Ⅳ	Ⅱ	Ⅱ	Ⅲ
4	章丘枣园巴漏河组层型剖面	Ⅲ	Ⅳ	Ⅲ	Ⅲ	Ⅲ	Ⅲ	Ⅲ
5	章丘枣园大站组层型剖面	Ⅲ	Ⅳ	Ⅲ	Ⅱ	Ⅱ	Ⅲ	Ⅲ
6	历城唐王韩家庄黑土湖组层型剖面	Ⅲ	Ⅳ	Ⅲ	Ⅲ	Ⅲ	Ⅱ	Ⅲ
7	章丘白云湖组层型剖面	Ⅲ	Ⅳ	Ⅲ	Ⅱ	Ⅱ	Ⅲ	Ⅲ

续表

序号	遗迹名称	科学性	美学性	稀有性	保存程度	完整性	可保护性	总级别
8	章丘于家庄二叠纪石盒子群孝妇河组—三叠纪石千峰群孙家沟组剖面	Ⅲ	Ⅳ	Ⅲ	Ⅳ	Ⅱ	Ⅲ	Ⅲ
9	章丘孙家沟侏罗纪淄博群三台组—白垩纪莱阳群城山后组剖面	Ⅲ	Ⅳ	Ⅲ	Ⅰ	Ⅰ	Ⅱ	Ⅲ
10	天桥—历城济南序列岩石剖面	Ⅲ	Ⅳ	Ⅲ	Ⅱ	Ⅱ	Ⅱ	Ⅲ
11	历城西营—七星台新甫山序列岩石剖面	Ⅳ	Ⅳ	Ⅳ	Ⅰ	Ⅰ	Ⅱ	Ⅳ
12	章丘官营—垛庄傲徕山序列岩石剖面	Ⅳ	Ⅳ	Ⅳ	Ⅰ	Ⅰ	Ⅱ	Ⅳ
13	章丘垛庄官营花岗岩深熔混合岩化带	Ⅱ	Ⅳ	Ⅱ	Ⅱ	Ⅱ	Ⅱ	Ⅱ
14	长清灵岩寺傲徕山序列中粒二长花岗岩与寒武纪地层不整合面	Ⅳ	Ⅳ	Ⅳ	Ⅰ	Ⅰ	Ⅱ	Ⅳ
15	历城新甫山序列中粒含黑云片麻状奥长花岗岩与寒武纪地层不整合面	Ⅳ	Ⅳ	Ⅳ	Ⅱ	Ⅰ	Ⅱ	Ⅳ
16	历城西营林枝泰山岩群雁翎关组与寒武纪地层不整合面	Ⅱ	Ⅳ	Ⅱ	Ⅱ	Ⅰ	Ⅱ	Ⅲ
17	章丘垛庄团员沟泰山岩群山草峪组与寒武纪地层不整合面	Ⅱ	Ⅳ	Ⅱ	Ⅱ	Ⅰ	Ⅱ	Ⅲ
18	章丘垛庄傲徕山序列中粒二长花岗岩与寒武纪地层不整合面	Ⅳ	Ⅳ	Ⅳ	Ⅱ	Ⅰ	Ⅱ	Ⅳ
19	市中丘山紧闭褶皱	Ⅳ	Ⅳ	Ⅳ	Ⅱ	Ⅱ	Ⅱ	Ⅳ
20	千佛山断裂	Ⅳ	Ⅳ	Ⅳ	Ⅲ	Ⅱ	Ⅱ	Ⅳ
21	东坞断裂	Ⅳ	Ⅳ	Ⅳ	Ⅲ	Ⅱ	Ⅱ	Ⅳ
22	文祖断裂	Ⅳ	Ⅳ	Ⅳ	Ⅱ	Ⅱ	Ⅱ	Ⅳ
23	射垛断裂	Ⅳ	Ⅳ	Ⅳ	Ⅱ	Ⅱ	Ⅱ	Ⅳ
24	章丘长申地北石炭—二叠纪植物化石产地	Ⅳ	Ⅳ	Ⅳ	Ⅱ	Ⅱ	Ⅱ	Ⅳ
25	历城雅居园五阳山组头足类、腹足类化石产地	Ⅳ	Ⅳ	Ⅳ	Ⅲ	Ⅱ	Ⅱ	Ⅳ

续表

序号	遗迹名称	科学性	美学性	稀有性	保存程度	完整性	可保护性	总级别
26	历城郭店虞山万山组双壳类及植物化石产地	Ⅳ	Ⅳ	Ⅳ	Ⅱ	Ⅱ	Ⅱ	Ⅳ
27	历城彩石王家鹊山五阳山组角石、腹足类化石产地	Ⅳ	Ⅳ	Ⅳ	Ⅱ	Ⅱ	Ⅱ	Ⅳ
28	历城彩石马头山—李家窝五阳山组角石、腹足类化石产地	Ⅳ	Ⅳ	Ⅳ	Ⅱ	Ⅱ	Ⅱ	Ⅳ
29	章丘垛庄十八盘—赵家岭馒头组、崮山组三叶虫化石产地	Ⅳ	Ⅳ	Ⅳ	Ⅰ	Ⅱ	Ⅱ	Ⅳ
30	章丘朱家峪五阳山组头足类化石产地	Ⅳ	Ⅳ	Ⅳ	Ⅱ	Ⅱ	Ⅱ	Ⅳ
31	章丘锦屏山五阳山组头足类化石产地	Ⅳ	Ⅳ	Ⅳ	Ⅱ	Ⅱ	Ⅱ	Ⅳ
32	历城卧牛山“济南青”辉长岩矿业遗址	Ⅳ	Ⅳ	Ⅳ	Ⅱ	Ⅱ	Ⅱ	Ⅳ
33	历城“柳埠红”花岗岩矿业遗址	Ⅳ	Ⅳ	Ⅳ	Ⅱ	Ⅰ	Ⅱ	Ⅳ
34	长清马山双泉木鱼石矿业遗址	Ⅳ	Ⅳ	Ⅳ	Ⅱ	Ⅰ	Ⅱ	Ⅳ
35	历城张马屯铁矿矿业遗址	Ⅳ	Ⅳ	Ⅳ	Ⅱ	Ⅱ	Ⅱ	Ⅳ
36	长清五峰山碳酸盐岩地貌	Ⅳ	Ⅳ	Ⅳ	Ⅰ	Ⅰ	Ⅱ	Ⅳ
37	历下千佛山碳酸盐岩地貌	Ⅳ	Ⅳ	Ⅳ	Ⅱ	Ⅰ	Ⅱ	Ⅳ
38	历城蟠龙山碳酸盐岩地貌	Ⅳ	Ⅳ	Ⅳ	Ⅰ	Ⅰ	Ⅱ	Ⅳ
39	历下佛峪碳酸盐岩地貌	Ⅳ	Ⅳ	Ⅳ	Ⅰ	Ⅰ	Ⅱ	Ⅳ
40	历城波罗峪碳酸盐岩地貌	Ⅳ	Ⅳ	Ⅳ	Ⅰ	Ⅰ	Ⅱ	Ⅳ
41	章丘垛庄二郎山岱崮地貌	Ⅳ	Ⅳ	Ⅳ	Ⅰ	Ⅰ	Ⅱ	Ⅳ
42	九龙山张夏莲台山溶洞群	Ⅳ	Ⅳ	Ⅳ	Ⅱ	Ⅱ	Ⅱ	Ⅳ
43	长清马山透明洞	Ⅳ	Ⅳ	Ⅳ	Ⅱ	Ⅱ	Ⅱ	Ⅳ
44	历城仲宫子房洞	Ⅳ	Ⅳ	Ⅳ	Ⅱ	Ⅱ	Ⅱ	Ⅳ

续表

序号	遗迹名称	科学性	美学性	稀有性	保存程度	完整性	可保护性	总级别
45	历城彩石空心山洞	Ⅳ	Ⅳ	Ⅳ	Ⅱ	Ⅱ	Ⅱ	Ⅳ
46	济南“齐烟九点”侵入岩地貌	Ⅲ	Ⅲ	Ⅲ	Ⅱ	Ⅱ	Ⅱ	Ⅲ
47	章丘百丈崖侵入岩地貌	Ⅳ	Ⅳ	Ⅳ	Ⅰ	Ⅰ	Ⅱ	Ⅳ
48	历城柳埠水帘峡	Ⅲ	Ⅲ	Ⅲ	Ⅱ	Ⅰ	Ⅱ	Ⅲ
49	平阴土林	Ⅲ	Ⅲ	Ⅲ	Ⅲ	Ⅱ	Ⅲ	Ⅲ
50	黄河（济南段）	Ⅱ	Ⅱ	Ⅱ	Ⅱ	Ⅰ	Ⅰ	Ⅱ
51	玉符河景观带	Ⅳ	Ⅳ	Ⅳ	Ⅱ	Ⅱ	Ⅱ	Ⅳ
52	小清河景观带	Ⅳ	Ⅳ	Ⅳ	Ⅱ	Ⅱ	Ⅱ	Ⅳ
53	山东济西湿地	Ⅲ	Ⅳ	Ⅲ	Ⅱ	Ⅱ	Ⅰ	Ⅲ
54	山东黄河玫瑰湖湿地	Ⅲ	Ⅳ	Ⅲ	Ⅱ	Ⅱ	Ⅰ	Ⅲ
55	济南白云湖湿地	Ⅱ	Ⅳ	Ⅱ	Ⅱ	Ⅱ	Ⅰ	Ⅱ
56	济南澄波湖湿地	Ⅲ	Ⅲ	Ⅲ	Ⅱ	Ⅱ	Ⅱ	Ⅲ
57	天桥鹊山龙湖湿地	Ⅳ	Ⅳ	Ⅳ	Ⅱ	Ⅱ	Ⅱ	Ⅳ
58	章丘绣源河湿地	Ⅳ	Ⅳ	Ⅳ	Ⅱ	Ⅱ	Ⅱ	Ⅳ
59	济南上升泉泉群	Ⅰ	Ⅰ	Ⅰ	Ⅱ	Ⅰ	Ⅰ	Ⅰ
60	章丘百脉泉泉群	Ⅳ	Ⅲ	Ⅳ	Ⅱ	Ⅱ	Ⅱ	Ⅲ
61	平阴洪范池泉群	Ⅳ	Ⅲ	Ⅳ	Ⅱ	Ⅱ	Ⅱ	Ⅲ
62	长清袈裟泉泉群	Ⅳ	Ⅳ	Ⅳ	Ⅱ	Ⅱ	Ⅱ	Ⅳ
63	历城涌泉泉群	Ⅳ	Ⅳ	Ⅳ	Ⅱ	Ⅱ	Ⅱ	Ⅳ
64	历城玉河泉泉群	Ⅳ	Ⅳ	Ⅳ	Ⅱ	Ⅱ	Ⅱ	Ⅳ
65	历城白泉泉群	Ⅳ	Ⅳ	Ⅳ	Ⅱ	Ⅱ	Ⅲ	Ⅳ
66	章丘长白山火山地貌	Ⅳ	Ⅳ	Ⅳ	Ⅰ	Ⅰ	Ⅰ	Ⅳ
67	长清灵岩山一线天	Ⅳ	Ⅳ	Ⅳ	Ⅰ	Ⅰ	Ⅰ	Ⅳ
68	历城藏龙涧峡谷地貌	Ⅳ	Ⅳ	Ⅳ	Ⅳ	Ⅱ	Ⅱ	Ⅳ
69	长清马山滑坡群	Ⅳ	Ⅳ	Ⅳ	Ⅰ	Ⅱ	Ⅰ	Ⅳ
70	长清明德王墓古滑坡	Ⅳ	Ⅳ	Ⅳ	Ⅰ	Ⅱ	Ⅰ	Ⅳ
71	九龙山张夏梨枣峪滑坡	Ⅲ	Ⅳ	Ⅲ	Ⅲ	Ⅲ	Ⅱ	Ⅲ
72	历城西营阁老滑坡	Ⅲ	Ⅳ	Ⅲ	Ⅲ	Ⅲ	Ⅱ	Ⅲ

地貌景观大类地质遗迹是反映地球大陆地壳演化历史的杰出范例，包含了正在进行的地质作用和地貌演化、重要的生命记录、重要的地貌形态或自然地理特征，具有突出普遍的地球科学价值。

二、美学性

济南市又名“泉城”，地处华北平原与鲁中山区的过渡带，格局独特，南部重峦叠嶂群峰叠翠，北部沃野广袤，山清水秀，风光旖旎，古文化璀璨，泉水星罗棋布，更有“天下第一泉——趵突泉”驰名中外，自古就有“济南山水佳齐鲁，泉佳天下”之赞誉。

济南市地貌景观大类地质遗迹主要包括岩土体地貌、水体地貌、火山地貌和构造地貌，不同的地貌类型展现不同的审美价值，极具观赏性。济南市岩石地貌景观主要为喀斯特地貌景观，为典型北方半干旱喀斯特类型，宏观上以溶蚀—侵蚀形成的石灰岩低山丘陵和喀斯特谷地的组合为主。济南市石灰岩山地尽管不具有南方峰林、峰丛的那种典型形态，但受所在地区构造抬升、侵蚀切割以及山体岩层构成等因素影响，往往显现出构造地貌的明显特征，主要表现为长垣状山体、“崮”、灰岩残丘三种形式，区内典型喀斯特山体主要有千佛山、蟠龙山、五峰山，章丘垛庄二郎山为济南市典型的岱崮地貌。济南市喀斯特谷地主要指山谷，是山地河流、沟谷系统的最上部或末端。处在侵蚀切割强烈的低山区中部的谷地多呈峡谷或嶂谷形态，地处山地边缘的山谷则宽浅许多，代表性的有佛峪、波罗峪等。济南溶洞洞体形态较简单，较大洞穴以单通道水平状为主，洞内一般呈高、宽数米的廊道式延伸，最为典型如蟠龙洞。有的洞内局部也发育成较大的穹形大厅，如张夏莲台山溶洞群之娄敬洞，进洞120m形成一个宽16m、高约20m的大厅。一般洞穴内各种窝穴、溶痕类溶蚀形态多见，洞穴中碎屑堆积物较多，化学沉积物较少。

“齐烟九点”为典型的花岗岩地貌，九点烟峰岩突兀，挺拔俊秀，裂隙节理发育，受大自然鬼斧神凿，沿节理裂隙风化后形成险峰异石。山脚下为黄河冲积和山前冲洪积平原。俯瞰滔滔黄河水东流去，更显九点烟峻、险、秀、奇，反映了强烈的伸展环境的地球动力学背景。百丈崖侵入岩地貌与百丈崖水库山水相映，绿波荡漾，长长的栈桥尽头，一方小亭静静地立在水中，与远处缤纷的山峰和阔远的天空相映，淳朴中蕴几分妖娆雅致，柔美中涵几分庄严神圣。莲华山胜水禅寺景区是一处佛教名山，因从空中俯瞰状如莲花而得名。百丈崖与莲华山胜水禅寺所在地莲华山遥相呼应，浑然一体，故名“百丈莲华”，是济南景区游览的好去处，具有极高的美学观赏价值。

济南市水体景观十分发育，有旖旎的风景河段、湿地和泉等。这些不同类型的风景水体，都是风光秀美的景观。诸如黄河（济南段）、玉符河景观带、小清河景观带、山东济西湿地、山东黄河玫瑰湖湿地、济南白云湖湿地、济南澄波湖湿地、天桥鹊山龙湖湿地、章丘绣源河湿地南、济南上升泉泉群、章丘百脉泉泉群、平阴洪范池泉群、长清袈裟泉泉群、历城涌泉泉群、历城玉河泉泉群、历城白泉泉群等。特别是以趵突泉为首的济南市上升泉泉群，泉群处名胜古迹众多，红楼绿树，环境洁净优雅，风光旖旎，“家家泉水，户户垂杨”，具有极高的美学观赏价值。

章丘长白山火山地貌位于章丘区与邹平、周村交界处，因山巅常有白云缭绕而名。最高峰摩诃顶，海拔826.8m。山势峻拔，重峦叠嶂，绵延数十千米，一向有“泰山副岳”之称，具有极高的美学价值。

三、稀有性

化石是研究古气候、古地理、古生态及其演化和地壳变动等方面非常珍贵的地学实物资料，本次选的重要化石产地都具有地域性和稀有性。章丘长申地北石炭—二叠纪植物化石、历城郭店虞山万山组双壳类及植物化石、历城雅居园、彩石王家鹊山、彩石马头山—李家窝、章丘朱家峪、章丘锦屏山五阳山组角石、腹足类化石、章丘垛庄十八盘—赵家岭馒头组、崮山组三叶虫化石。

重要岩矿石产地历城卧牛山“济南青”辉长岩、历城“柳埠红”花岗岩、长清马山双泉木鱼石、历城张马屯铁矿等。“济南青”辉长岩产于济南序列岩石中，是我省著名的饰面用辉长岩，分布于济南市区东部及章丘，现均已政策性关停。

济南上升泉泉群位于济南市中心，是中国历史上的十大名泉之一，有“天下第一泉”之美誉，是我国乃至世界罕见的特大石灰岩岩溶地貌，以其典型性、类型的多样性、规模的集群性、分布的集中性而特色鲜明，具有独特的旅游地貌学研究价值和地质学、构造学和地层学的研究价值。据统计，在东起青龙桥西到筐市街，南自正觉寺街，北至大明湖约2.6km^2的济南老城区范围内有泉水108处，其中，尤以趵突泉泉群、黑虎泉泉群、珍珠泉泉群、五龙潭泉群四大泉群最负盛名，列入七十二名泉的有43处。济南名泉千姿百态，有的趵突腾空，有的虎啸龙吟，有的珍珠串串，有的潭深莫测……

四、保存程度

近十几年以来，济南市对地质工作的不断重视，很多地质遗迹通过申报地质公园、划定保护区等方式得到了广泛的保护，且保持自然状态，未受到或极少受到人为破坏。济南市内目前已建地质公园6家，均为省级地质公园，其中划定地质公园进行保护的地质遗迹类型主要为地层剖面、碳酸盐岩地貌、侵入岩地貌、变质岩地貌、水体地貌。

通过调查发现，由于采矿、修路、城镇建设等人类工程活动等方面的影响，基础类地质遗迹受到一定程度的破坏，如历城枣林—章丘团员沟泰山岩群剖面、章丘枣园巴漏河组层型剖面、章丘枣园大站组层型剖面、历城唐王韩家庄黑土湖组剖面、章丘于家庄二叠纪石盒子群孝妇河组—三叠纪石千峰群孙家沟组剖面等均遭受不同程度的破坏。

五、完整性

济南市地层发育，区域出露地层由老至新依次有：太古界泰山岩群、古生界寒武系、奥陶系、石炭系、二叠系、中生界侏罗系、白垩系、新生界新近系、第四系等。济南地区岩浆岩不仅岩石类型复杂，而且演化历史漫长。岩石类型包括基性岩、中性岩、酸性岩，以中酸性岩为主，形成时代主要为新太古代和中生代。济南市大地构造位置特殊，集新太古代和中生代花岗岩、火山岩地质遗迹、独具特色山岳、峡谷、优美的水体景观、良好的生态环境和源远流长的人文景观于一体，是一处地质遗迹极具科学性、稀有性、观赏性的遗迹大观园。从地质构造—环境变迁—地质地貌等遗迹的形成过程和表观现象保存系统且完整，内容丰富多彩。

六、通达性

济南市交通十分发达，铁路、公路纵横交错，交通十分便捷，主要有京福、青银、济菏、济青、济馆高速公路，京沪铁路，104、105、220、309国道，103、242、249、316、321、327省道，以及济南市绕城高速、二环路、经十路、旅游路等四通八达的城市道路和乡间公路将各个地质遗迹、乡镇和村庄与主干道相连，交通非常便利。通过调查发现，济南市内的地质遗迹所在地的通达性普遍较好，但部分遗迹保护核心区域较难到达。

七、可保护性

地层剖面类地质遗迹受自然风化、剥蚀等自然破坏较大，同时人类建筑施工破坏严重，比如章丘枣园巴漏河组层型剖面、章丘枣园大站组层型剖面、历城唐王韩家庄黑土湖组剖面、章丘于家庄二叠纪石盒子群孝妇河组—三叠纪石千峰群孙家沟组剖面等。因此该类地质遗迹的可保护性普遍差，但局部地区地层出露齐全，层序清楚且交通不便利的典型剖面周围一定范围内除自然风化等人类难以控制的自然因素外，没有其他破坏因素存在，通过人为采取有效措施能够部分保护，其可保护性较好。

通过调查发现，重要岩矿石产地历城卧牛山“济南青”辉长岩已建立地质公园进行有效保护，可保护性好。章丘长申地北石炭—二叠纪植物化石、历城郭店虞山万山组双壳类及植物化石、章丘垛庄十八盘—赵家岭馒头组、崮山组三叶虫化石、历城雅居园、彩石王家鹊山、彩石马头山—李家窝、章丘朱家峪、章丘锦屏山五阳山组角石、腹足类化石等，重要岩矿石产地历城“柳埠红”花岗岩、长清马山双泉木鱼石、历城张马屯铁矿等，都未采取任何保护，单体周围没有其他破坏因素存在，通过采取围挡警示及工程治理等有效措施能够得到保护，可保护性较好。

莲台山溶洞群、蟠龙洞、马山透明洞、子房洞等岩溶洞穴周围一定范围内没有破坏因素存在，且人类难以控制的自然风化、暴雨等对其影响较小，通过采取一些洞内环境保护措施对其进行保护，可保护性较好。

碳酸盐岩地貌、侵入岩地貌、变质岩地貌、火山地貌、构造地貌、水体地貌等地貌景观类地质遗迹，自然风化、暴雨等自然因素对其破坏力较小，只要人类活动不破坏的，其可保护性较好，平阴土林黄土地貌受自然风化、暴雨等自然因素及人为活动破坏力影响，保护性稍差。

第四节　综合评价

在收集与分析资料以及野外调查的基础上，本次工作选取72处济南市重要地质遗迹点进行评价，评价标准参照上述评价方法和评价依据，评价内容详见地质遗迹调查表和地质遗迹信息采集表。

2018年8月16日，5位地质遗迹专家组成鉴评专家组，对济南市重要地质遗迹进行了鉴评。通过综合对比分析、专家点评，最终确定世界级地质遗迹3处、占4%（济南长清张夏—崮山华北寒武系标准剖面、历城枣林—章丘团员沟泰山岩群剖面、济南上升泉泉群），国家级地质遗迹3处、占4%［章丘垛庄官营花岗岩深熔混合岩化带、黄河（济南段）、济南白云湖湿地］，省级地质遗迹20处、占28%，省级以下地质遗迹46处、占64%（图5-1、表5-4）。

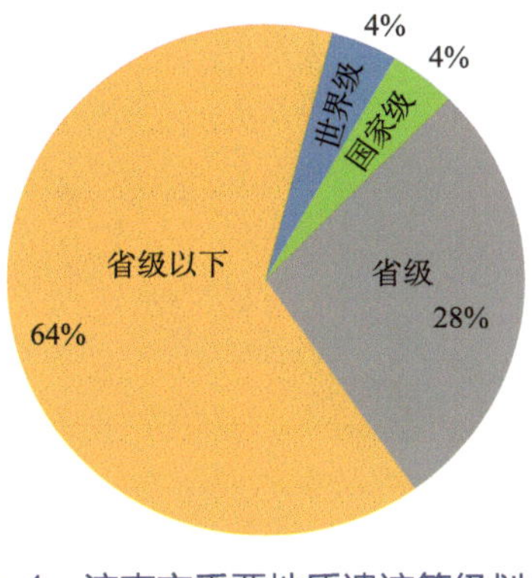

图5-1　济南市重要地质遗迹等级划分图

表5-4　济南市重要地质遗迹鉴评结果表　　单位：处

遗迹类型		地质遗迹评价级别				
大类	类	世界级	国家级	省级	省级以下	小计
基础地质大类	地层剖面	2	0	7	0	9
	岩石剖面	0	1	1	2	4
	构造剖面	0	0	2	8	10
	重要化石产地	0	0	0	8	8
	重要岩矿石产地	0	0	0	4	4
地貌景观大类	岩土体地貌	0	0	3	11	14
	水体地貌	1	2	5	8	16
	火山地貌	0	0	0	1	1
	构造地貌	0	0	0	2	2
地质灾害大类	地质灾害遗迹	0	0	2	2	4
合计		3	3	20	46	72

Chapter6

第六章

济南市地质遗迹保护建议

第一节 地质遗迹保护现状

一、地质遗迹保护概况

济南市赋存的72处重要地质遗迹资源，根据现场调查核查，其中34处重要地质遗迹位于地质公园，或风景名胜区、自然保护区内，均受到了不同程度的保护；38处重要地质遗迹处于自然开放的状态下，未受到任何形式的保护，亟待保护。如表6-1所示。

表6-1 重要地质遗迹点保护情况一览表

序号	遗迹点名称	级别	保护概况
1	济南长清张夏—崮山华北寒武系标准剖面	世界级	位于山东长清张夏—崮山省级地质公园内
2	历城枣林—章丘团员沟泰山岩群剖面	世界级	位于地质公园外，未保护
3	历下大佛头九龙群上部—马家沟群下部层型剖面	省级	位于千佛山风景区内
4	章丘枣园巴漏河组层型剖面	省级	位于地质公园外，未保护
5	章丘枣园大站组层型剖面	省级	位于地质公园外，未保护
6	历城唐王韩家庄黑土湖组层型剖面	省级	位于地质公园外，未保护
7	章丘白云湖组层型剖面	省级	位于济南白云湖湿地内
8	章丘于家庄二叠纪石盒子群孝妇河组—三叠纪石千峰群孙家沟组剖面	省级	位于地质公园外，未保护
9	章丘孙家沟侏罗纪淄博群三台组—白垩纪莱阳群城山后组剖面	省级	位于地质公园外，未保护
10	天桥—历城济南序列岩石剖面	省级	位于济南华山省级地质公园内
11	历城西营—七星台新甫山序列岩石剖面	省级以下	位于地质公园外，未保护
12	章丘官营—垛庄傲徕山序列岩石剖面	省级以下	位于地质公园外，未保护
13	章丘垛庄官营花岗岩深熔混合岩化带	国家级	位于地质公园外，未保护
14	长清灵岩寺傲徕山序列中粒二长花岗岩与寒武纪地层不整合面	省级以下	位于灵岩寺风景区内

续表

序号	遗迹点名称	级别	保护概况
15	历城新甫山序列中粒含黑云片麻状奥长花岗岩与寒武纪地层不整合面	省级以下	位于地质公园外，未保护
16	历城西营林枝泰山岩群雁翎关组与寒武纪地层不整合面	省级	位于地质公园外，未保护
17	章丘垛庄团员沟泰山岩群山草峪组与寒武纪地层不整合面	省级	位于地质公园外，未保护
18	章丘垛庄傲徕山序列中粒二长花岗岩与寒武纪地层不整合面	省级以下	位于地质公园外，未保护
19	市中丘山紧闭褶皱	省级以下	位于地质公园外，未保护
20	千佛山断裂	省级以下	位于地质公园外，未保护
21	东坞断裂	省级以下	位于地质公园外，未保护
22	文祖断裂	省级以下	位于地质公园外，未保护
23	射垛断裂	省级以下	位于地质公园外，未保护
24	章丘长申地北石炭—二叠纪植物化石产地	省级以下	位于地质公园外，未保护
25	历城雅居园五阳山组头足类、腹足类化石产地	省级以下	位于地质公园外，未保护
26	历城郭店虞山万山组双壳类及植物化石产地	省级以下	位于地质公园外，未保护
27	历城彩石王家鹊山五阳山组角石、腹足类化石产地	省级以下	位于地质公园外，未保护
28	历城彩石马头山—李家窝五阳山组角石、腹足类化石产地	省级以下	位于地质公园外，未保护
29	章丘垛庄十八盘—赵家岭馒头组、崮山组三叶虫化石产地	省级以下	位于地质公园外，未保护
30	章丘朱家峪五阳山组头足类化石产地	省级以下	位于地质公园外，未保护
31	章丘锦屏山五阳山组头足类化石产地	省级以下	位于地质公园外，未保护
32	历城卧牛山“济南青”辉长岩矿业遗址	省级以下	位于济南华山省级地质公园内
33	历城“柳埠红”花岗岩矿业遗址	省级以下	位于地质公园外，未保护
34	长清马山双泉木鱼石矿业遗址	省级以下	位于地质公园外，未保护
35	历城张马屯铁矿矿业遗址	省级以下	位于济南钢城矿业有限公司内
36	长清五峰山碳酸盐岩地貌	省级以下	位于五峰山风景区内
37	历下千佛山碳酸盐岩地貌	省级以下	位于千佛山风景区内
38	历城蟠龙山碳酸盐岩地貌	省级以下	位于山东历城蟠龙山省级地质公园内
39	历下佛峪碳酸盐岩地貌	省级以下	位于地质公园外，未保护
40	历城波罗峪碳酸盐岩地貌	省级以下	位于地质公园外，未保护
41	章丘垛庄二郎山岱崮地貌	省级以下	位于地质公园外，未保护
42	长清张夏莲台山溶洞群	省级以下	位于莲台山度假村内

续表

序号	遗迹点名称	级别	保护概况
43	长清马山透明洞	省级以下	位于地质公园外，未保护
44	历城仲宫子房洞	省级以下	位于子房洞风景区内
45	历城彩石空心山洞	省级以下	位于地质公园外，未保护
46	济南“齐烟九点”侵入岩地貌	省级	位于济南华山省级地质公园内
47	章丘百丈崖侵入岩地貌	省级以下	位于地质公园外，未保护
48	历城柳埠水帘峡	省级	位于外山东历城水帘峡省级地质公园内
49	平阴土林	省级	位于地质公园外，未保护
50	黄河（济南段）	国家级	位于济南百里黄河风景区内
51	玉符河景观带	省级以下	位于玉符河湿地保护区内
52	小清河景观带	省级以下	位于济南五柳岛公园内
53	山东济西湿地	省级	位于山东济西湿地内
54	山东黄河玫瑰湖湿地	省级	位于山东黄河玫瑰湖湿地内
55	济南白云湖湿地	国家级	位于济南白云湖湿地内
56	济南澄波湖湿地	省级	位于济南澄波湖湿地内
57	天桥鹊山龙湖湿地	省级以下	位于天桥鹊山龙湖湿地内
58	章丘绣源河湿地	省级以下	位于章丘绣源河湿地内
59	济南上升泉泉群	世界级	位于济南趵突泉泉群省级地质公园、国家AAAAA级旅游景区特色园林、国家首批重点公园内
60	章丘百脉泉泉群	省级	位于济南章丘百脉泉省级地质公园、国家AAAAA级旅游景区内
61	平阴洪范池泉群	省级	位于洪范池风景区内
62	长清袈裟泉泉群	省级以下	位于灵岩寺风景区内
63	历城涌泉泉群	省级以下	位于四门塔风景区内
64	历城玉河泉泉群	省级以下	位于地质公园外，未保护
65	历城白泉泉群	省级以下	位于地质公园外，未保护
66	章丘长白山火山地貌	省级以下	位于地质公园外，未保护
67	长清灵岩山一线天	省级以下	位于灵岩寺风景区内
68	历城藏龙涧峡谷地貌	省级以下	位于龙洞风景区内
69	长清马山滑坡群	省级以下	位于地质公园外，未保护
70	长清明德王墓古滑坡	省级以下	位于地质公园外，未保护
71	长清张夏梨枣峪滑坡	省级	位于地质公园外，已采取有效措施进行保护
72	历城西营阁老滑坡	省级	位于地质公园外，已采取有效措施进行保护

二、已采取的保护措施

自2005年起，济南市陆续争取省财政资金用于地质遗迹保护工作，使地质遗迹保护工作有了经费的支持。

1.对地质公园规划进行了修编。在国土资源主管部门的监督管理之下，绝大多数地质公园按照国家地质公园建设标准编制了地质公园建设规划，并按照规划对地质公园进行了卓有成效的保护，各地质遗迹点均得到了有效的保护，主要采取的保护措施有划定了各级保护区，明确了保护范围，竖立了地质遗迹标识牌，明确了保护责任主体。

2.按照地质公园规划确定的范围统一埋设了界碑（图6-1），划定了园区保护范围，禁止在园区内开展任何与地质遗迹保护无关的建设工程。

图6-1 馒头山剖面地质遗迹缓冲区界碑

3.针对各地质遗迹点竖立了景点解说牌（图6-2），并建立了保护性围栏，确保地质遗迹免受游人破坏（图6-3）。

4.针对各地质公园地质遗迹的特点，有针对性地开展了相应的地学科普和科研工作，论文发表、岩石年龄测试、地质内涵进一步挖掘等。

5.开展了大量科普宣传工作，制作了科学导游图、科普长廊、建立了地学博物馆、展厅、地质公园网站（图6-4）。

图6-2　黑虎泉泉群地质遗迹点解说牌

图6-3　馒头山地质遗迹保护工程

图6-4　泉水自然地质展览馆

第二节 地质遗迹保护规划建议

一、保护区划分原则

层次性原则：地质遗迹保护区划一般按三个层次进行，即特级保护区、重点保护区和一般保护区。世界级地质遗迹分布区可划分为特级保护区，国家级地质遗迹分布区一般划分为重点保护区，省级及以下地质遗迹分布区一般划分为一般保护区。

根据重要地质遗迹资源的科学性、珍贵性、稀有性及社会价值原则，确定其保护的级别，合理划分保护等级，结合重要地质遗迹资源分布特点划定保护范围，坚持“在保护中开发、在开发中保护”，制定保护措施。

保护与开发并重原则：合理划分保护等级，制定保护措施，提出保护、开发利用及监测建议。以地质遗迹保护为最高目标，协调好地质遗迹保护与开发的关系，做到“在保护中开发，在开发中保护”，实现资源的可持续利用。

因地制宜，合理布局的原则：根据地质遗迹资源属性特征和地质遗迹分布情况，因地制宜、合理进行区划和建设布局，做到既有利于遗迹保护，又有利于开发和管理。

自然属地和行政区划分原则：边界划定充分利用山脊线、山谷线、河流中线、水岸、陡崖边线、道路、行政界线等具有明显分界特征的地形、地物界线确定济南市地质遗迹保护区范围，有利于各级政府管理辖区内的重要地质遗迹。

二、保护区划分

根据重要地质遗迹资源保护分区原则，结合地质遗迹资源分布特点，以地质遗迹小区或面状分布的地质遗迹为单元先将济南市重要地质遗迹保护区划分为25个保护区（表6-2），然后根据各类地质遗迹的保护级别进一步划分为32个分级保护区，其中3个特级保护区、6个重点保护区、23个一般保护区；本次将出露规模小，不够建立保护区条件的暂按地质遗迹点进行保护，一共规划确定了26处重要地质遗迹保护点，均为一般保护点（表6-3）。

表6-2　济南市重要地质遗迹保护区规划一览表

编号	地理位置	地理坐标		主要保护对象	保护级别及面积/km²		
		东经（极值范围/中心点）	北纬（极值范围/中心点）		特级保护区	重点保护区	一般保护区
BQ01	长清区张夏—崮山	116°49′21″~116°54′25″	36°25′02″~36°31′44″	华北寒武系标准剖面、三叶虫化石、五峰山碳酸盐岩地貌、馒头山岱崮地貌、明德王墓古滑坡等	0.29	19.87	24.2
BQ02	市中心	117°00′16″~117°01′48″	36°39′32″~36°40′26″	济南上升泉泉群（四大泉群）	3.1	0	0
BQ03	天桥区百里黄河风景区	116°52′54″~117°01′19″	36°43′19″~36°44′54″	黄河（济南段）	0	11.1	0
BQ04	槐荫区玉清湖街道	116°46′30″~116°49′41″	36°37′46″~36°41′13″	山东济西湿地	0	4.9	11.3
BQ05	平阴县榆山街道	116°25′11″~116°26′25″	36°16′52″~36°19′44″	平阴玫瑰湖湿地	0	6.7	19.8
BQ06	章丘区白云湖镇	117°20′03″~117°27′04″	36°49′00″~36°56′21″	白云湖湿地、白云湖组	0	13.45	16.28
BQ07	历城区华山街道	117°01′21″~117°10′45″	36°42′25″~36°47′49″	济南序列岩石剖面、“齐烟九点”侵入岩地貌、“济南青”辉长岩矿业遗址、华泉等	0	0	60.65
BQ08	历城区彩石镇	117°13′03″~117°15′18″	36°42′25″~36°47′49″	蟠龙洞、蟠龙山崩塌、蟠龙山碳酸盐岩地貌	0	0	4.77
BQ09	历城区柳埠镇簸箕掌村	117°12′44″~117°14′03″	36°24′33″~36°25′17″	花岗岩奇石、奇峰、峡谷地貌	0	0	3.5
BQ10	章丘区明水街道	117°30′24″~117°32′01″	36°42′52″~36°43′32″	百脉泉泉群	0	0	0.866
BQ11	章丘区垛庄镇七星台	117°17′15″~117°25′32″	36°26′07″~36°32′01″	泰山岩群剖面、岩石剖面、不整合面、古生物化石产地、岱崮地貌、侵入岩地貌、断裂等	0.21	1.29	86.71
BQ12	历下区千佛山街道	117°01′31″~117°03′17″	36°37′15″~36°38′23″	千佛山、马家沟群层型剖面	0	0	2.9
BQ13	章丘区枣园街办	117°27′53″~117°28′49″	36°42′40″~36°43′53″	巴漏河组层型剖面、大站组层型剖面	0	0	2.3

续表

编号	地理位置	地理坐标		主要保护对象	保护级别及面积/km²		
		东经（极值范围/中心点）	北纬（极值范围/中心点）		特级保护区	重点保护区	一般保护区
BQ14	长清区万德镇灵岩寺	116°57′55″~116°59′51″	36°21′10″~36°22′38″	袈裟泉泉群、不整合面、灵岩山一线天	0	0	6
BQ15	章丘区管庄乡朱家峪村	117°33′49″~117°35′46″	36°38′30″~36°39′23″	五阳山组头足类化石产地	0	0	3.3
BQ16	章丘区垛庄镇南石屋村	117°27′37″~117°30′00″	36°32′54″~36°34′54″	五阳山组头足类化石产地	0	0	9.66
BQ17	历下区龙洞街道	117°04′34″~117°06′58″	36°35′21″~36°37′12″	藏龙涧、佛峪	0	0	9.2
BQ18	历城区仲宫镇东泉泸村	117°04′25″~117°05′48″	36°32′10″~36°33′06″	波罗峪碳酸盐岩地貌	0	0	1.72
BQ19	长清区张夏镇	116°56′05″~116°57′37″	36°26′21″~36°27′21″	莲台山溶洞群	0	0	3.2
BQ20	长清区马山镇马山	116°43′04″~116°45′45″	36°20′57″~36°23′51″	马山滑坡群、马山透明洞	0	0	15.1
BQ21	历城、市中、槐荫、长清区	116°51′47″~116°56′34″	36°30′53″~36°34′18″	玉符河景观带	0	0	3.26
BQ22	槐荫、天桥、历城、章丘区等	117°00′12”~117°03′07”	36°41′58″~36°42′18″	小清河景观带	0	0	0.98
BQ23	济阳区济北街道办毛官庄村	117°07′55″~117°08′45″	36°57′48″~36°59′05″	济南澄波湖湿地	0	0	2.38
BQ24	天桥区大桥街道	116°55′41″~117°00′13″	36°43′42″~36°46′07″	鹊山龙湖湿地	0	0	19.2
BQ25	章丘区圣井街办	117°27′20″~117°28′36″	36°39′14″~36°42′02″	章丘绣源河湿地	0	0	5.5

济南市部分重要地质遗迹已经通过地质公园或景区的形式，得到一定程度的保护和利用，保护区的名称以已建成的公园或者风景区的名称为主。有些地质遗迹集中分布区域，未建设任何类型的保护区，重要地质遗迹未受到任何形式的管理和保护，保护区名称以地质遗迹名称为主。

（一）重要地质遗迹保护区

1. 特级地质遗迹保护区

（1）张夏—崮山地质遗迹特级保护区，保护区面积为0.29km^2。

（2）济南上升泉泉群地质遗迹（四大泉群）特级保护区，保护区面积为3.1km^2。

（3）章丘垛庄团员沟泰山岩群（具变余枕状构造的斜长角闪岩）地质遗迹特级保护区，保护区面积为0.21km^2。

特级地质遗迹保护区3处，保护区总面积为3.60km^2。

2. 重要地质遗迹保护区

由表6–2可知，全市规划建立重要地质遗迹保护区6处，规划保护区面积为57.31km^2。

3. 一般地质遗迹保护区

由表6–2可知，全市规划建立一般地质遗迹保护区23处，规划保护区面积为312.78km^2。

（二）重要地质遗迹保护点

本次将出露规模小，不够建立保护区条件的暂按地质遗迹点进行保护，一共规划确定了26处重要地质遗迹保护点，均为一般保护点（表6–3）。

表6–3 济南市重要地质遗迹保护点规划一览表

编号	地理位置	地理坐标		主要保护对象	规划保护级别
		东经（中心点）	北纬（中心点）		
BD01	历城区唐王镇韩新庄村	117°17′11″	36°49′11.2″	黑土湖组层型剖面	一般保护点
BD02	章丘区普集镇于家庄村	117°29′14.1″	36°49′24.5″	二叠纪石盒子群孝妇河组—三叠纪石千峰群孙家沟组不整合接触界线	一般保护点

续表

编号	地理位置	地理坐标		主要保护对象	规划保护级别
		东经（中心点）	北纬（中心点）		
BD03	章丘区相公庄镇孙家庄村	117°34′52.5″	36°49′52.1″	侏罗纪淄博群三台组—白垩纪莱阳群城山后组不整合接触界线	一般保护点
BD04	市中区党家庄街道丘山	116°53′08.1″	36°35′21.3″	丘山紧闭褶皱	一般保护点
BD05	市中区十六里河镇小岭村	117°03′39.3″	36°36′10.9″	千佛山断裂	一般保护点
BD06	历城区港沟镇两河村	117°11′14.6″	36°36′22.5″	东坞断裂	一般保护点
BD07	章丘区文祖镇鲁地村	117°32′08.6″	36°30′37.3″	文祖断裂	一般保护点
BD08	章丘区垛庄镇下射垛村	117°22′53.6″	62°83′06.6″	射垛断裂	一般保护点
BD09	章丘区闫家峪乡长申地村	117°42′10″	36°38′49.9″	石炭—二叠纪植物化石产地	一般保护点
BD10	历城区雅居园小区	117°06′57″	36°39′58.2″	五阳山组头足类、腹足类化石产地	一般保护点
BD11	历城区郭店镇山前村	117°14′24.3″	36°44′02.1″	万山组双壳类及植物化石产地	一般保护点
BD12	历城区彩石镇王家鹊山村	117°20′03.5″	36°38′19.6″	五阳山组角石、腹足类化石产地	一般保护点
BD13	历城区彩石镇李家窝村	117°20′11.3″	36°38′23.7″	五阳山组角石、腹足类化石产地	一般保护点
BD14	历城区柳埠镇刘家峪村	117°09′04.2″	36°23′53″	“柳埠红”花岗岩矿业遗址	一般保护点
BD15	长清区马山镇双泉村	116°46′39.2″	36°26′17.7″	木鱼石矿业遗址	一般保护点
BD16	历城区王舍人镇张马屯村	117°07′25″	36°42′50″	张马屯铁矿矿业遗址	一般保护点
BD17	历城区仲宫镇东沟村	117°03′05.6″	36°26′29.6″	子房洞	一般保护点
BD18	历城区彩石镇虎门村	117°18′30″	36°33′36.2″	空心山洞	一般保护点
BD19	平阴县玫瑰镇南台村	116°20′30.4″	36°12′43.9″	平阴土林	一般保护点
BD20	平阴县洪范池镇	116°17′09.3″	36°06′11.1″	洪范池泉群	一般保护点
BD21	历城区柳埠镇柳埠村	117°07′20.7″	36°27′00.2″	涌泉泉群	一般保护点
BD22	历城区彩石镇玉河泉村	117°17′30.1″	36°33′01.6″	玉河泉泉群	一般保护点
BD23	历城区鲍山街办纸坊村	117°09′48.3″	36°45′04.3″	白泉泉群	一般保护点

续表

编号	地理位置	地理坐标		主要保护对象	规划保护级别
		东经（中心点）	北纬（中心点）		
BD24	章丘区普集镇三山峪村	117°38′13.6″	36°47′01.6″	长白山火山地貌	一般保护点
BD25	长清区张夏镇梨枣峪村	116°56′13.1″	36°28′14.4″	梨枣峪滑坡	一般保护点
BD26	历城区西营镇阁老村	117°13′79.3″	36°28′11.8″	阁老滑坡	一般保护点

综上所述，济南市重要地质遗迹保护区建立数量，视调查、研究程度和保护的可行性综合确定，按分布、类型及特点，选择符合条件的建立保护区，不够条件的暂按地质遗迹点进行保护，规划建立地质遗迹保护区32处，保护区总面积373.69km^2，其中特级保护区3.60km^2，重点保护区57.31km^2；一般保护区312.78km^2；规划建立地质遗迹保护点26个，均为一般保护点。

Chapter7

第七章

结论与建议

一、结论

重要地质遗迹调查工作是济南市首次针对地质遗迹开展的全面调查工作，共完成1∶10万地质遗迹调查区8177km^2，1∶2.5万地质遗迹调查区80km^2，1∶1000剖面测量4.89km。本项目在其工作基础之上，对全市重要地质遗迹资源进行综合分析，基本摸清了济南市重要地质遗迹资源家底，共确定重要地质遗迹点72处，基本查明了济南市重要地质遗迹的类型、数量、分布及保存现状，了解了其基本特征、物质组成、美学特征、成因、演变过程及规律，开展了济南市重要地质遗迹评价和区划研究，为合理保护与开发利用济南市重要地质遗迹资源提供基础资料和科学依据。

1.基本摸清济南市重要地质遗迹资源家底，支撑其保护利用开发。通过本次工作基本查明了济南市重要地质遗迹资源的类型、分布状况及保护现状。确定济南市重要地质遗迹72处，包含3个大类、10个类、20个亚类。其中，基础地质大类35处，包括地层剖面类9处、岩石剖面4处、构造剖面10处、重要化石产地8处、重要岩矿石产地4处；地貌景观大类33处，包括岩土体地貌14处、水体地貌16处、火山地貌1处、构造地貌2处；地质灾害大类4处，包括地质灾害遗迹4处。

2.首次全面评价济南市重要地质遗迹综合价值，并确定其等级。经专家鉴评和综合对比分析，确定世界级3处，分别为济南长清张夏—崮山华北寒武系标准剖面、历城枣林—章丘团员沟泰山岩群剖面和济南上升泉泉群；国家级3处，包括章丘垛庄官营花岗岩深熔混合岩化带、黄河（济南段）和济南白云湖湿地；省级20处，省级以下46处。

3.综合研究济南市重要地质遗迹资源分布规律和分布特征，为进一步工作夯实基础。根据济南市重要地质遗迹出露所在的地貌单元、构造单元，结合济南市地质遗迹分布规律，进行地质遗迹自然区划，实行三级区划，划分地质遗迹区2个，即北部平原地质遗迹区、南部山区地质遗迹区；地质遗迹分区5个；

地质遗迹小区12个。

4.查明济南市重要地质遗迹保护利用现状，助力泰山区域山水林田湖草生态保护修复工程。目前，济南市赋存的72处重要地质遗迹资源，其中34处已经通过地质公园、地质遗迹保护区或风景名胜区、自然保护区的形式，受到了不同程度的保护和利用；38处重要地质遗迹处于自然开放的状态下，未受到任何形式的保护，亟待保护。建议济南市地质遗迹保护需全面规划，分期实施，重点突破，为遏制地质遗迹破坏的趋势，建议近期对区内已遭严重破坏的地质遗迹进行抢救性保护，为济南市落实地质遗迹长期保护计划和措施奠定基础。

5.根据济南市重要地质遗迹分布、类型、等级及特点，提出了重要地质遗迹保护规划建议，规划建立地质遗迹保护区32处，保护区总面积373.69km^2，其中特级保护区面积3.60km^2，重点保护区面积57.31km^2；一般保护区面积312.78km^2；规划建立地质遗迹保护点26个，均为一般保护点。

6.紧跟大数据时代，建立了济南市重要地质遗迹数据库。以“地质遗迹数据采集系统软件”为平台，建立集表格、文档、图片、影视多媒体、空间图层等数据为一体的地质遗迹数据库及管理系统，建立规范化、信息化、一体化、统一化的地质遗迹管理体系，对调查成果实行信息化、网络化管理，建立和完善地质遗迹调查和统计制度，为政府管理职能部门高效、准确地掌握区内地质遗迹情况，实现了地质遗迹调查信息的社会化服务，为国土资源管理及科普宣传奠定了坚实的基础，为泰山区域山水林田湖草生态保护修复工程提供数据支撑。

7.重要地质遗迹资源调查成果图件类型丰富，针对性强。完成并提交了成果报告和相关图件的编制，提交了济南市重要地质遗迹调查与评价报告及济南市重要地质遗迹资源图（1∶10万）、济南市重要地质遗迹区划图（1∶10万）、济南市重要地质遗迹保护规划建议图（1∶10万）。资源图反映出地质遗迹资源的位置和类型；区划图反映出济南市地质遗迹资源之间的地域聚集性、成因相关性以及组合关系；保护规划建议图便于对济南市地质遗迹资源进行管理，明确各地质遗迹点和集中区的保护范围和保护措施。

8.支撑地方发展需求，加强项目成果应用转化。将地质遗迹调查成果服务于“济南市地质环境监测规划”和“济南市地质遗迹保护规划”等项目，不断提高济南市地质遗迹保护管理水平。

二、建议

由于工作周期和其他客观因素的限制，本次重要地质遗迹调查工作在成果转化应用和服务当地经济发展等方面尚存在不足以及需要提升、完善的方面，有待于下一步工作的延续和深化。

1.加强典型地质遗迹的专项研究，提升济南市地质遗迹资源品位，助力地质公园层次的提高和当地经济的发展。目前通过本次工作基本摸清了济南市重要地质遗迹家底，但一些重要的、典型的地质遗迹研究程度有待于进一步加强和提高，加强典型地质遗迹的专项研究，是提升济南市地质遗迹资源品位，助力地质公园层次的提高和当地经济发展的关键。

2.探索和开展地质遗迹监测，为全市地质遗迹资源保护和管理提供依据。随着重要地质遗迹名录的确定，有针对性地对地质遗迹进行保护、管理与开发利用需要地质遗迹监测工作的支撑。目前济南市、山东省乃至全国地质遗迹监测工作尚未全面启动，监测方法和手段尚在探索中。因此，下一步工作重点是针对济南市地质遗迹资源特点，探索切实有效的监测方法和手段，结合地质遗迹监测规范的出台，启动和完善济南市地质遗迹监测工作，逐步纳入常规性地质环境监测工作。

3.开展地质遗迹保护综合研究，切实保护地质遗迹资源。综合分析济南市重要地质遗迹保护现状、存在问题和不足遗迹保护需求，进一步加快已有地质公园内的地质遗迹保护工作，实施相关保护工程；结合地方旅游经济发展需要，依托重要地质遗迹资源，积极引导推进地质公园申报、建设；针对不具备地质公园建设条件的重要地质遗迹，要通过申报建设地质遗迹保护点、段、区等落实保护措施，切实有效保护重要地质遗迹资源。

4.提高地质遗迹保护意识。加强相关部门协调沟通，推动各风景区、文物保护单位等区域内重要地质遗迹的展示宣传工作，充分发挥地质遗迹地学科普功能，提高地质遗迹保护意识。

5.开展原莱芜区所辖行政区域地质遗迹调查与评价工作。

参考文献

［1］孔庆友，张天祯，于学峰，等. 山东矿床［M］. 济南：山东科学技术出版社，2006.

［2］孔庆友. 地矿知识大系（下册）［M］. 济南：山东科学技术出版社，2014.

［3］李洪奎，于学峰. 山东省大地构造相研究［M］. 北京：地质出版社，2012.

［4］王来明，王世进，宋志勇，等. 山东省区域地质志［M］. 北京：地质出版社，2018.

［5］吕朋菊，张明利，张永双. 新构造运动与现今泰山的形成及其地貌景观［J］. 山东矿业学院学报，1995，14（4）：331–335.

［6］马杏坦，刘昌铨，刘国栋. 江苏响水至内蒙古满都拉地学断面［J］. 地质学报，1991，3：199–215.

［7］宋明春，王沛成，梁邦启，等. 山东省区域地质［M］. 济南：山东省地图出版社，2003.

［8］宋明春，徐军祥，王讳成，等. 山东省大地构造格局和地质构造演化［M］. 北京：地质出版社，2009.

［9］王光信，于学峰. 山东古生物化石［M］. 北京：地质出版社，2015.

［10］王世进，万渝生，张增奇，等. 山东省主要地质遗迹形成时代及分布特征［J］. 山东国土资源，2013，29（2）：1–12.

［11］张增奇，陈军，付英，等. 济南千佛山地区沉积地层特征地质构造演化及古地理［J］. 山东国土资源，2014，30（10）：1–5.

［12］杜圣贤，刘凤臣，刘书才，等. 济南千佛山地区主要地质遗迹资源与评价［J］. 山东国土资源，2014，30（11）：39–43.

［13］张增奇，刘明渭，宗志勇，等. 山东省岩石地层［M］. 武汉：中国地质大学出版社，1996.

［14］张增奇，张成基，王世进，等. 山东省地层侵入岩构造单元划分对比意见［J］. 山东国土资源，2014，30（3）：1–23.

[15] 王世进，吕明英，张富中，等. 鲁西南平原区第四纪全新世地层划分[J]. 山东国土资源，2005，21（9）：30–34.

[16] 王世纪，张成基.山东省第四纪研究新进展[J]山东地质，1999，15（2）：1–8.